画出我心

——心理画实案解析

刘 冰 著

河南科学技术出版社

·郑州·

图书在版编目（CIP）数据

画出我心：心理画实案解析 / 刘冰著 . —郑州：河南科学技术出版社，2020.9（2025.7重印）

ISBN 978-7-5725-0135-7

Ⅰ. ①画… Ⅱ. ①刘… Ⅲ. ①心理咨询—案例 Ⅳ. ① B849.1

中国版本图书馆 CIP 数据核字（2020）第 154246 号

出版发行：河南科学技术出版社

地址：河南自贸试验区郑州片区（郑东）祥盛街27号　　邮编：450016

电话：（0371）65788613　65788629

网址：www.hnstp.cn

责任编辑：邓　为　谢震林

责任校对：曹雅坤

封面设计：中文天地

责任印制：朱　飞

印　　刷：三河市腾飞印务有限公司

经　　销：北京中图猫文化传媒发展有限公司

开　　本：720 mm × 1020 mm　1/16　　**印张**：14　**字数**：150千字

版　　次：2020年9月第1版　　2025年7月第2次印刷

定　　价　68.00元

如发现印、装质量问题，影响阅读，请与出版社联系并调换。

序

《画出我心》由河南科学技术出版社出版了，我深信它会给读者带来一种异常新鲜的感觉。

刘冰是一名资深心理咨询师，我们已相识多年，她的最大特点，是擅长心理画的解析评估与心理治疗。在这方面她技术熟练、解析透彻、实战经验丰富，同时也是她自身潜能的临境体现。

看画面、入画境、听画语、解画意、融画魂，这是绘画解析的五大步骤，如同中医学的望闻问切。

画是什么？“远看山有色，近听水无声。春去花还在，人来鸟不惊”。这是唐朝诗人王维对画的描写。

看画面：是从画面景象里观察主题，找出无意识中的潜意识。

入画境：犹如“雪花犹入冬，飘叶似临风”描述，也可以用苏东坡的“墙内秋千墙外道，墙外行人，墙里佳人笑。笑渐不闻声渐消，多情却被无情恼”来概括它的意境。

听画语：犹如“读画似品佳茗，瑶琴兼作水声听”。

解画意：犹如“烟中每有无根树，雨外尤多没骨山”。比如，有的画中虽不见雨，却能使咨询师产生如临雨境的感觉，它是潜意识里潜能力的展现。

触画魂：犹如“山以水为血脉，故山得水而活”。山性即我性，山情即我情；水性即我性，水情即我情，这是共情开悟的境象，此时的心性可感触到画境的魂识。

我读了《画出我心》这本书后，认为以上五点是这本书较为突出的特

点。其次,《画出我心》这本书的趣味性和适用性同时兼顾，既适合专业人士参阅研究，也适合一般心理学爱好者学习和实践。

此书可以广泛应用于学校、家庭教育和社会，是解决青少年心理健康问题、婚姻家庭问题、社会和谐共处问题的一把金钥匙，这是其价值所在。

庞敦山

2020 年 6 月 18 日

前　言

画语，心之声；画境，潜意识所现！

美国心理学家马尔茨说过：潜意识是我们容纳能量的容器，藏着无尽资源，却不为其所知。《画出我心》是一本房、树、人整体绘画解读物，是在意识中解读潜意识。

绘画是意识、前意识与潜意识的综合展现。数千张真实咨询案例的绘画，引领潜意识浮出水面，并展现得淋漓尽致，印证了潜意识所显现内容的真实性。

我们把画中的房比作家，家又分为原生家庭和现实家庭，还有离异后的家庭和重组家庭等。房顶、房体、房门、窗户的组合，色彩及着笔的轻重，都隐含着一定的意义。树也是如此，它代表着一个人的成长过程，树的种类、色彩、长势、树冠大小、枝条的长短、叶芽布局、果实大小等，也都有一定的含义。人的表情、五官、躯体、服饰等，也各有说辞。绘画解析十分灵活，物同画不同，百画百解，错综复杂，变幻莫测。所以，析画时不能生搬硬套，具体问题需具体分析。

绘画解析，是看画面、入画境、听画语、解画意、融画魂，看似无声胜有声，只有换位思考，用心析画，移情到来访者的画中，才能走进绘画者内心，将画分析得更加透彻，达到出神入化的境界。

绘画解析，对心理学爱好者来说，能直接得知他人的基本信息，进行帮扶。对咨询师来说，能快速绕开来访者的阻抗，直达共情，从中窥探来访者的问题根源，在心理治疗中起着不可小觑的作用。

绘画测试，操作方便、用时短、准确度高，一般不受情绪控制，更重要的是能快速发现问题源头，是提供给咨询师帮扶来访者切实可行的实用技能。

本书案例大致分为四个部分：

1. 青少年心理问题。

2. 神经症。

3. 婚姻家庭问题。

4. 精神病性问题。

本书与其他心理绘画解析书籍相比，其独特之处如下：

1. 意识的绘画及无意识的显现。

2. 从画中可观察到精神病性问题。

3. 出现问题年龄段的量化分析。

4. 绘画回溯及印证。

5. 初步评估与论据。

6. 3~5 天转变孩子心态。

本书遵守心理咨询的保密原则，案例中来访者的姓名均为化名，叙述细节做了一些文字处理，但他（她）们的绘画、解析、症状以及后来的跟踪及康复情况都是真实的。

如读者发现书中个案与自己及身边的人或事有相似之处，请勿对号入座，更不要张冠李戴，因本书案例是对画不对人。撷取这些析画案例是为了能尽量反映来访者出现的不同类型的问题，让读者从中引发思考而受益。

感谢来访者留下的那些绘画手稿，让我有了很大的收获，同时也给其他有同样困扰的人提供了帮助和启发，以便他们更好地成长。

虽然我做了多年的心理咨询工作，但因水平有限，在拙著中难免会有不妥之处，恳请所有读到此书的读者能提出宝贵意见。

愿此书能帮助到更多的人。

河南商丘快乐心理咨询中心　刘冰

2020 年 5 月

目录 CONTENTS

066 第二篇 神经症

126 第三篇 婚姻家庭

164 第四篇 精神病性问题

第一篇

青少年心理问题

舞动的小精灵

——严重心理问题

一天，一位年轻的妈妈带着一个10岁左右的男孩来到咨询室。男孩个子不高，瘦瘦的，戴副眼镜，看面相聪明机灵。

男孩妈妈说："老师，我的孩子遇到了一些问题，他已经断断续续两个多月不能正常上学了。之前我们去过医院，见过精神科主任……"没等他妈妈说完，孩子就把话抢了过去："那个医生还是主任呢，说话太啰唆了，他说的那些，我都知道；百科全书里面的东西，我都懂，没有我不知道的。在学校，老师、同学们都称我小博士。"小男孩仰着脸很自豪地说。我看着他那一脸的小骄傲，笑了。

他母亲走过来，附在我耳边小声说："这孩子就是这样，太傲。在来的路上他对我说：'某大医院的主任都拿我没办法，这个刘老师能搞定我？'"

我看着他那副不屑一顾、傲慢的样子，让人觉得很有意思，好一个不知天高地厚的小家伙！我微微一笑，随机给他出了一道不合常理的题。

"你说什么都知道，有一点你可能不知道吧。你说世界上有鬼吗？"

他愣了一下，眨巴眨巴眼，随即低下了头，拉住妈妈的衣角，"我不知道，不知道，不给你说了。"看着他和刚才反差的样子，我忍不住笑了，可能是因为说到了鬼，影响了他吧。

他不甘心败下阵来，抬头反击我："你光知道问我，你知道有鬼吗？你见过吗？你能找到吗？"

"肯定能啊。不过，在这之前，你首先要答应我一件事：先画一幅房、树、人的画，我再帮你一起找鬼。""小博士"迟疑了一下，还是乖乖地跟我走进了另一间咨询室。

绘画浅析

来访者的画看起来荒诞怪异，整幅图是用紫色笔绘成，紫色有神秘、悲伤的寓意。

年幼的他，把房画成了墓碑，人画成了幽灵。由此可见，家庭即将解体的烦恼，加上各种外在环境的负面影响，让孩子内心已受到了不可言表的伤痛。

房

这是一座与众不同的房，是人生的终极之地——墓碑房。

这座房没有门（代表来访者封闭自我，不愿与人沟通）、没有窗（是没感受到父母对自己的关爱），房的正面墙上有四个大字：万古流方（芳）（意识层面是指来访者傲慢、不可一世，实际是潜意识里对悲伤的一种表达）。

房顶与房体不成比例，房顶明显缺失一块（指父亲缺少对家的关照），且有重笔（强调父亲的形象在孩子心目中的不完整）；房体大于房顶（指妈妈在家较为强势）。

房子前面立着一块墓碑，墓碑上写着自己的名字（表明来访者心灰意冷，认为人生没有意义）。

树

树干粗直（指来访者较为聪明），没有主枝（没有主攻方向），新生的枝条长势不错（有很多想法），有些枝条的顶端被削平（是外界环境给他造成了伤害，阻碍了他的正常成长），左侧枝条下垂（代表失落）。

树的左侧根系部分扎入地下，部分外露，中右侧的绒根浮浅地扎在地表层（代表缺乏安全感），树的底部右侧膨凸（指来访者比较自我，表现出外强中干的矛盾心理）。

人

一个面带微笑的小精灵，从墓碑房脱身而出，在空中飘舞。

这个小精灵头部画的不太完整，头部轮廓有一缝隙没有连接好，笔墨轻重不均（表明来访者有头疼、失眠、情绪不稳等现象）。没有耳朵（是听不得人的任何见解），没有鼻子（没有主见或有鼻炎），两眼眯成小月牙状，嘴角上翘，露出不可理喻的怪笑（代表嘲讽，是内心伤痛的表达）。小精灵四肢欠缺，飘忽不定（是想象力过于丰富，不合常理）。

来访者听了我对心理画的解读，态度开始有了明显好转，不再排斥我，并愿意和我交流，诉说他的烦恼。

老师，我现在上五年级。从四年级起我就是学校里的“小红帽”、班级课代表、班长。我认为老师和同学都喜欢我，事事都会看重我。其实不是这样，通过一件事改变了我的看法。

那是在语文课上，老师评讲试卷，当时同桌问我一道题，我给他说时，被老师看到了。她走到我跟前，很生气，板着脸问我：“你在说什么？”我低着头没吭声，老师不依不饶，用手拍着我的书桌，当时全班同学的目光“唰”的一下集中在我身上，老师一直逼问：“你到底说话没有？”

我心想：同桌问了我一道题，他没听明白，我只是给他说了一下答案，至于这样吗？我还是班长，老师连这一点面子都不给吗？老师再次追问时，我感觉很丢人，愤怒地说一句：“我就是没有说话。”

老师气急了，像个母老虎，一手掂着我的书包，一手拽着我的耳朵，只听见书包“嗖”的一声被扔了出去，我被拖出教室，随即她把教室的门关上，让我站在门外。这时，听到同学们哄堂大笑，我脸面丢尽，难受得直想哭。我从第一节课站到放学，老师让我承认错误，我就不承认。

第二天，我刚走进班，老师看到我后，二话不说又把我赶出教室。

第三天，还是如此。“我来学校是听课学习的，不能一直站在外面啊，给他认个错，能咋的！”想到这儿，我鼓足勇气，走进教室，给正在上课的老师鞠躬道歉说：“老师，我错了！”

老师视而不见，不理我，还在讲课；我又连续鞠躬道歉，“老师，我错了！”这时，老师瞟了我一眼，说：“你不是没错么？你不是不承认错吗？”我第三次道歉，她仍不让我回到座位上，继续讲课，不理我。我感到非常委屈、丢人，于是，转身狠狠地摔门离去。暗暗发誓：我再也不来上课了。

这件事对我影响很大，我真的不想上学，不想去学校，更不想看见那只“母老虎”。妈妈一说让我上学，我就难受；即使妈妈吵我骂我，甚至打我，我都不想去学校，还想各种办法对付妈妈，比如：我把体温计放在热水里烫一下，再放入腋下，装病发烧，妈妈拿我也没办法。我真的讨厌学校，讨厌老师。在家不想出门，不想说话，也不知道要做什么，感觉活着很没意思。

他说着说着哭了起来。几分钟后，他抬起头来，继续刚才的话题。

“其实我的学习成绩还不错，在学校不开心，在家也一样不开心。家里只有妈妈和我两个人，爸爸一直在外地工作，一年才见一两次面。平时爸爸不问我也不关心我，有时我想他了，想给他打个电话，他说工作忙，让我在家听话，好好学习。我很羡慕别的同学有爸爸妈妈陪着，我有爸爸跟没有爸爸一样。从我记事起，妈妈经常一个人躲在她房间里哭泣，不知为什么？后来，妈妈的脾气变得越来越暴躁，爱发火；有时我没有犯错，也没惹她生气，她也会吵我骂我。在家我不敢大声说话，害怕妈妈生气。

前段时间，我终于从姥姥那里得知妈妈为什么哭泣，原来爸爸在外地又找了一个女人，不要我和妈妈了。现在我非常恨爸爸，恨那个抢走我爸爸的女人，等我长大，我要把她杀掉，为妈妈报仇。”

此时他的眼神里流露出他这个年龄段不该有的仇恨和愤怒。看到他这眼神，我心里有种说不出的痛。

“孩子，你的心情、你的委屈，老师都能理解。这样吧，从现在开始，咱们做个好朋友，你的事情也是老师的事情，老师愿意和你一起想办法面对，可以吗？”他看着我，信任地点了点头。

绘画回溯·印证

房：房顶的缺失，与家庭的不完整相对应。
墓碑，与他认为人生没意义相对应。
“万古流芳”，与他的自负心理相对应。

树：左侧下垂的树枝，与学校事件等相对应。
树根右侧膨凸，与他出现的心理问题相对应。

人：“小精灵”飘在墓碑房上空，与他情绪不稳、没有定力相对应。

初步评估：严重心理问题

严重心理问题是由相对强烈的现实因素激发，初始情绪反应强烈、持续时间较长（两个月以上半年以下）、内容充分泛化（痛苦情绪不但能被最初的刺激引起，而且与最初刺激相类似、相关联的刺激，也可以引起此类痛苦）的心理不健康状态。

在本案例中，来访者的心理问题由学校事件（现实因素）以及相关联的外在因素（父亲情感外移、妈妈的负面情绪）所引发，已泛化，已经两个多月不能正常上课，社会功能受损，这与严重心理问题的症状相符，故诊断为严重心理问题。

经过一段时间的认知、意象、脱敏、支持性心理治疗后，来访者重返校园。这是他在返校前画的一幅画。

这幅图与第一幅相比，有着明显的不同。整体色调是红色，红色代表炽烈和希望。

妈妈半躺在沙发上，孩子头戴荣誉冠，微笑着站在妈妈面前，好像在说：妈妈，您不要伤心，不要怕，您不是希望儿子优秀吗？您看，我带着荣誉冠来了。孩子是面向众人的，而不是完全朝着妈妈，这是向众人示意：自己很坚强，会让妈妈快乐的。

再看这个房子，不再是冰冷的墓碑房，倒像一触即发的“火箭房”。房子两边设有双层保护障，以增加安全感。门不大，且紧闭（是家中父母情感问题不愿泄露）。两个窗户画在“火箭房”的正面顶部，像两只眼睛向外瞭望。他和妈妈各自站在两侧阳台上，手持兵器，警惕外来者的入侵，守护着他们的家。此图表示来访者还存在有安全感的缺失。

结束语

本案中，来访者之所以出现严重心理问题，与他的家庭功能缺失有很大关系。家庭功能缺失，也是导致来访者情绪不稳的重要因素，学校事件只是导火线，引发了他长期压抑情绪的爆发。来访者在心智没有成熟的情况下，经不起家庭变故及学校事件的双重打击，内心受到了严重伤害。

建议家长和孩子一起做心理咨询治疗。首先，家长要正确认识婚姻，不要将自己的负面情绪及过激的语言、行为影响到孩子，理性处理好自

己的婚姻问题。其次，孩子要学会理解父母，努力做好自己，完成自己的学业。

后记

过了一个多月，来访者来找我，向我讲述了他近阶段的具体情况。他说:“经过您的疏导，我明白了父母的事是他们自己的事，相信他们会处理好的；我的事就是管理好自己。现在我已重新走进学校，不会再纠缠以前发生的事，我一定努力学习，不会辜负心理老师和妈妈对我的期望。”

含泪的笑

——严重心理问题

上午无约，在工作室是难得的清闲，我静静地坐在办公桌前，享受着这份清静。

大概十点左右的样子，楼梯间响起了重重的踏阶声，应声而来的是一对母女，妈妈的年龄大约四十多岁，她领着女孩急匆匆地走了进来。看着我说："老师，我女儿没啥问题，可她非缠着我带她来做咨询，不就是成绩下滑了吗？以后好好学不就是了？我现在很忙，门市部还有很多事，秋楚，你快给老师说说咋回事？"

我一边笑着招呼她们坐下，一边观察这母女俩。那个女孩大约有十五六岁，穿着一件白色蕾丝花边衬衣，连最上面的扣子都规规矩矩地扣得很好，她看起来是一个文静又内向的姑娘。此刻她低着头一言不发，一双手相互绞着，一副不知所措的样子。坐在她身边的妈妈，焦躁不安、急不可耐，妈妈的言语直白，直接暴露了其母的个性。母女俩的表情、神态，让我感觉很有意思，女孩不经意地皱了一下眉，而后眉间瞬间舒展，细微的举止把内在展现得淋漓尽致。

"老师，我想和你单独聊聊？"

"行啊。"我向她妈妈示意一下，就领她进了另一间咨询室。

秋楚尾随我进来，随手将门关上。

"老师，这房子隔音吗？"

"放心，外面的人听不到的。"

"老师，我想问问，我是不是有心理疾病？现在就是不想学习，上课时静不下心来，老是胡思乱想，不到半年的时间，成绩从班级前几名退到倒数第二，我感觉很丢人，我也不想这样。"

说着说着，秋楚就哭了起来，我把纸巾递到她手上，默默地注视着这个伤心的孩子。根据以往的经验，但凡学习成绩在前几名的孩子，成绩突然下滑，一定是发生了什么事，才会造成孩子成绩的落差。秋楚的哭声慢慢地变成了抽泣。待她情绪平复下来，我给她做了房树人测试。

绘画浅析

房

房的整体色彩是棕褐色（棕褐色代表沉重），房子多处重笔涂描、反复修复（代表父母关系不和谐，来访者担心家庭破裂），右墙的地基较深（是在力求家的稳固），房顶呈三角形（指父亲说话犀利、不讲方式），房顶下端的横梁延伸（代表来访者的父亲情感外移）。

门是关闭的（代表家庭问题不想外露），门上有透视孔（指来访者人在家，心在外），圆形（代表女性气质，温柔），单窗（在此表明来访者只感受到父母一方的爱）。

门前小路是由许多褐色的鹅卵石铺成的（路不好走，是情绪的一种流露，指来访者不想回家），门前有一块显眼的双彩石，两种颜色是绿色和褐色重叠（属于矛盾心理，不想回家又不得不回家）。

树

树分为三个部分：树冠、树体和树根。

画中有两棵树，一棵在左、一棵在右。左边的树示意未来，右边的树示意当下。

先分析左边这棵树，树的颜色呈绿色（绿色代表活力及成长），树冠呈连续波段，左右两侧形状不一（代表情绪不稳或为人处事圆滑）。果实是浅绿色（代表有目标、有理想），没枝条，果实悬空（代表梦想）。

树体有重笔（是指外界环境多次给来访者造成不同程度的伤害），树体下端左右两侧长短不一（指来访者幼年有爱的缺失），树体下端没有地平线、无根系（指缺乏安全感，有恐惧心理）。

右边的树，无根系（缺乏安全感）并有少许外抛（代表近期懒散）。树体左右侧反复重笔，右侧线条不连贯（指来访者内心阶段性地受到外界环境的伤害）。树体顶端没有主枝（没有主攻方向，能量不足），小枝散乱偏移，多集中于左侧（考虑未来较多，压力很大），右侧仅有一个弱小的枝条（表明当下信心不足）。

人

房前画有一男性老人，棕褐色（棕褐色代表死气沉沉），老人朝一个土堆走去（土堆是坟墓，人朝坟墓走去，代表死亡或重病后期）。

两树之间，是一个校园的整体展现，校园场景、人物行为表达得淋漓尽致（指来访者考虑问题细腻，要求完美）。校园中，有在操场上体育课的，有在书卷里奔跑的，有上课不想学习的，有打羽毛球的，有外出散步的，有结伴聊天的，形态各不相同。

在书卷上奔跑的孩子的颜色与百宝箱的颜色是一致的（表明知识就是财富，只有好好学习，才能过上理想的生活）。有一张桌子，桌上放有书本，书本为黑褐色和金黄色两种颜色（金黄色是对财富的渴望，黑褐色是在书本中找不到学习的乐趣），几把小凳子上空无一人（指明白学习的重要性，就是不想学）。百宝箱随处可见（只有学习才能挣到更多的钱）。

画面上有两个飞碟（代表来访者不想面对现实），蓝色的云彩（代表

焦虑情绪或压力)，太阳(是渴望温暖)。

从浅析中，透露出来访者面临的家庭和个人问题。

我父母是做生意的，非常忙，没时间照顾我。从小我是在姥姥家长大，姥爷特别疼我。今年年初，姥爷突然得病去世，我接受不了。好好的一个人，怎么说走就走了呢？姥爷去世后，妈妈把我接回家来。家，对于我来说，一切都是那么陌生，我有种寄人篱下的感觉。家不像家，因为爸爸很少回来，说是工作忙，家里大多时候是我和妈妈两个人。今年我读高中，住校，半个月回家一次。空闲时，想和妈妈说说话，不知为什么，与妈妈交流时，她好像都是在应付我，感觉她说话兴致不高，有时心不在焉，有时一脸的冷漠，有时连说带吵地批评我一顿。时间久了，我也不想再主动跟她聊天了，回到家就躲进自己的房间。

三个月前，舅妈与别人聊天时，我无意中听到，爸爸在外地已结婚并生了个小弟弟。当时听到这我非常吃惊，头脑一片空白，爸妈离婚了？我怎么不知道？我问舅妈，她告诉了我真相，原来爸妈几年前就离婚了，大家都知道此事，唯独瞒着我，说是怕影响我的学习。为什么啊？

说到这儿，秋楚的情绪有些激动，她一边哭，一边声讨着父亲对家庭的背叛。这件事严重地伤害了这个女孩。

“老师，我认为世上没一个好男人，当然，也包括我喜欢的一个男同学。我俩是在初中认识的，后来考上了同一所高中，又分在同一个班级，关系很好。虽然上学期间谈恋爱不好，会影响学习。但我们不是这样，我们商量好了，一起比着学习，我们共同的志愿是要考上同一所大学。可最近，我感觉他变了，不像以前那样对我好了，他是不是也和我爸爸一样另有新欢啊？是不是男人都是这样？有时我心情不好，坐在座位上，用钢笔尖使劲划破手腕，看着血流出来，我感到很开心。”

“这些想法，你妈妈知道吗？”我问。

“不想让妈妈知道，知道了她也帮不了我，除了增加她的烦恼。我知道妈妈为了我，她自己承担着很大压力，同样我也帮不了她。有时，为了掩盖自己不好的心情，对她只能报以宽慰的笑，用笑告诉她：我没什么事，不要担心我。这种笑，确切地说，是一个违心地笑，因为不能把心中的事给她说。我的压抑和对爸爸的怨恨，只能埋在心底。我用虚假的微笑应该算是给妈妈一个安慰吧。”

秋楚的言语，触动了我的内心。从我经手的上千个案例中得知，孩子出现的各种问题，大多来自原生家庭，用一句话来概括，孩子问题背后是父母问题。

绘画回溯·印证

房：来访者的父母几年前离异，但在孩子面前还保持一个完整的家的形象，当来访者明白真相后，心情非常沉重，这与棕褐色的房子，并有多处重笔相对应。

父亲情感外移，与画中房顶下端横梁右侧向外延伸相对应。

她不想回家，但她还不能独立，又不得不回家，属于矛盾心理，与门前长长的鹅卵石小路、褐色和绿色重叠的双彩石相对应。

树：当年父母生意忙，将她托付给姥姥代养，这与树体下端左右两侧长短不一相对应。

得知父母离异后，来访者感觉男朋友对她也不好、成绩下滑等，与树体反复涂抹、线条不连贯相对应。

人：姥爷去世，与一个老人朝土堆走去相对应。

飞碟，与不想进家、不愿面对现实相对应。

初步评估：严重心理问题

评估依据：

1. 引起严重心理问题的原因是较为强烈的、对个体威胁较大的现实刺激。内心冲突是常形的，会有不同程度的痛苦体验。

2. 从产生痛苦情绪开始，痛苦情绪间断或不间断地持续两个月以上半年以下。

3. 遭受到的刺激强度越大，反应越强烈。

4. 痛苦情绪不仅能被最初的刺激引起，而且与最初刺激相似，仅相关的刺激也可引起此类痛苦，即反应对象被泛化。

本案中，秋楚得知父母长时间隐瞒离异事实，内心非常痛苦，情绪不稳。这件事导致来访者对现在谈的男友产生怀疑，认为男友不是真心对她好，和她爸爸一样，世上没有好男人。这种症状已持续三个多月，已有泛化。这些与严重心理问题的评估依据相符，故诊断为严重心理问题。

结束语

秋楚的母亲为了避免孩子内心受到伤害，故意对孩子隐瞒离婚真相，此做法非常不妥。母亲的出发点是好的，但结果却适得其反。当孩子知道真相后，对她的伤害将会更加严重。

秋楚出现了恐惧、抑郁、自卑、没有安全感、情绪不稳等状况，更严重的是秋楚产生了对异性的排斥和多疑，对她以后的婚姻也将会造成一定的影响。

经过一段时间的心理治疗，秋楚改变了自己的错误认知，设立了学习目标，找到了努力的方向，非常开心。

建议：秋楚妈妈理性看待婚姻，有事多与孩子沟通，多给予孩子关爱。若以后发现孩子有不良情绪或心理问题，要及时寻求心理帮扶。

渴望自由的“小鸟”

——3 至 5 天改变一个孩子

周四上午，我接到一个家长的电话：“刘老师，我孩子上六年级。周一老师打电话让我去学校把孩子领回来，不知道因为什么事，他与老师顶嘴，老师让他在家反省三天。我问孩子怎么回事，他也不说。我去老师那里了解一下情况，只是因为一件小事，老师说了他几句，他就跟老师吵了起来。从学校回来后，我忍住气，好声好气地与他交流，他不听，把门反锁起来，不理我。”

“今天我让他去学校，他死活就不去，说老师误解他了。我和他妈轮流劝说，他都不听，气得我只想揍他。真是没法，想请你帮帮忙，给他疏导一下，看能否让他回到学校上课。”

“不要着急，急也没用。孩子不去学校肯定有孩子不想去的理由。这样吧，你下午带孩子来工作室，我与孩子沟通一下，找找孩子不想去学校的原因。”

“那孩子不来怎么办？我是否可以这样说：你姑姑认识一个老师，她非常理解孩子，咱去找找她。”

“可以。”

下午，家长带孩子来到工作室。这孩子十二三岁，约有一米六的个头，眉目清秀，戴着一副眼镜，站在他父亲身后，低头不语。

我走过去微笑着拍拍他的肩膀：“老师知道，你不去学校，肯定有不去学校的原因。你先画幅房树人的画，让我猜猜你到底遇到了什么问题。”他点了点头，表示赞同。

绘画浅析

房

房是蓝紫色（蓝紫色代表消极、孤独），鸟笼式房子（代表家对来访者的束缚），房顶上有个十字架（指家人有基督教信仰），三角形房顶由多个小三角形组成（指父亲说话尖锐，易伤人），由琉璃瓦排列（代表父亲对他的教育十分严厉、冷酷无情），房顶上有一个打开的小窗（指来访者期待与神灵的沟通），房顶罩着房体（指父亲管事过多），房体是由砖砌成的（指家人对来访者有过多的约束）。

有四个关闭的田字格小窗（意思是他渴望与外界接触，但走不出去），双扇门是关闭的（不想与家人沟通），门把手很大（意思是进家容易，出去难），门上边画有一只展翅飞翔的鸟（是自我内心展现，渴望自由，在家不能静下心来学习）。

树

整棵树是绿色的（代表来访者积极向上）。

树体粗壮，长势茂盛（在图中代表来访者聪明、有潜力），树体下端外抛（近期懒散），树体上多处有半圆形瘢痕（来访者多次受到外界环境的负面影响），树体中心有个圆形瘢痕（是指来访者内心受到伤害）。树体左右两侧各有一个新发的树芽（指产生新的想法），左侧的两片新叶被风吹落一片（指新的想法被否定，得不到支持，感到失落）。

环形树冠，树上开满了绿色的花（指来访者对学业很有自信），树冠上有一蓝色的月牙形线条（来访者在学习中产生了烦恼）。

人

人低头站在树下，无精打采（指来访者沮丧、烦恼和无奈），头发浓密（是压力大），戴了一副眼镜，嘴角下垂（表明来访者有情绪），左手拿着一支笔，右腋下夹着书本，卷子从腋下掉落（是指外界环境导致的学习压力过大，作业过多，心怀不满），两腿分开，脚的方向一左一右（是赌气、不想动）。

在人物肖像的右上方画有反复涂抹的头发（是强调压力）。

整个人的状态是烦闷、情绪低落。

空中乌云压顶（指来访者负面情绪过多，心情不佳），太阳被遮住了一部分（渴望得到温暖，得到理解）。

解析画之后，让来访者填写一份调查问卷。

（一）　　少年有梦*调查问卷

姓名　　　性别 男　　　年龄 12岁　　年级 小学6年级

父母年龄：40岁左右　　父母学历 大学毕业　　家庭成员 父亲，母亲，我

请您将自己生活中从小到大感到最亲近的人，按你心目中的亲近程度依次排列

（如母亲、父亲、哥、奶奶……．某朋友等 ）

奶奶，爷爷，堂哥，父亲，母亲…

母亲　父亲

请您将自己生活中从小到大感到最反感或者最难适应、较难适应的人，依次排列。（如某某亲人、老师、同学等）

我现在的数学老师，爸爸。

三、　请你列举出现在或者过去最感愤怒或经常使自己情绪变坏的事件（如父母训斥、责骂、唠叨，导致家庭关系紧张，常感到不公平待遇；人家关系不如意，对生活学习没兴趣和信心，不能抵抗诱惑等）

爸爸的责骂和唠叨，感到了不公平的待遇。

四、　每个问题有 ABC 三项选择，请在符合您情况的项目上打 0

1、　我希望自己

Ⓐ、回到童年　　B 不再长大　　C 赶快长大

2、我认为自己现在的生活

A 很幸福　　B 很痛苦　　Ⓒ很乏味

3、我对父母最欣赏的是

Ⓐ性格与爱心　　Ⓑ成功与富有　　C 活得很努力　~~我不知道该欣赏他们什么~~

4、我对父母最失望的是

A 过度保护　　Ⓑ过度严苛　　C 庸碌无为

5、我对自己的学业

Ⓐ有信心　　B 把握不大　　C 没兴趣

6、我将来的职业选择

A 赚钱多但很累　　B 社会价值高但薪水不高

C 压力不大责任不大薪水一般

Ⓓ我将来想去在政治方面干出一番事业，并改变中国政治界现在的风气。赚不赚钱无所谓，社会价值或一些其他一些次要原因也都无所谓。

从调查问卷中得出，孩子存在的问题如下：

1. 父亲对自己的要求过高而不满。

2. 老师对自己的误解。

3. 找不到学习兴趣。

对爸爸的不满

过去有一次，你总是用别人的成绩对比我的成绩批评我。
段时间

你总是用你的biao zhun成让我做事，你自己也有一些做不成。
你脾气暴，说我傻，最重要的一点，你总是用成绩说一个人的好坏，
成绩好他就全好，成绩坏他就全都不好。
有时候我说什么我感兴趣的事你不感兴趣就应付过去了。
有什么我感到骄傲的事你全不当回事，我就像你的扯线木偶，什么
都听你的，你让我发表意见我为什么不发，因为我知道我干什么到最后
什么用都没有，我不是橡皮泥，你像把我做成啥，我就成啥，我也是人，
也有自尊，所以，我发自内心地像让你尊重一下我，也许我有说错的地方，但
你可以给我指出，但不要背地里给我做什么决定，
以前的生活，我受够了！！！

你让我劳动，太自立是好的，但你有时候自己都做不到的事情教训我，
我很不满，甚至想上去打你几下，但我忍了，因为我知道你也是
望子成龙，心急，
我想你尽量的把我的错改正过来，但不要说什么“啊……什么，你看人家谁
考这么好，你考那么差，”总而言之，就是不要太伤害我的自尊心就OK了，
再有，我会尽量改正我的以前所有的毛病，如有再犯，任你惩罚

对老师的不满

一、(1)我最讨厌地事是老师误解我，具体事件是这样的：那是以前的一个星期五，
因为明天是星期六，可以放松一下，我感到非常高兴，可在下午最后一节课的时候
发生了让我脑袋都要气炸的事情，怎么回事呢？原来，有一个同学很调皮，往我桌
子上扔纸飞机，我一开始没当回事，可是，我不理睬他，他还没完没了，总是往
我桌子上扔纸飞机，我不能原谅他扔纸飞机影响我学习，想告诉老师，可老师不
愧是老师，先发现并批评了他，我在心里幸灾乐祸，心想：让你给我扔
纸飞机，影响我学习，这回傻眼了吧。可是，下课后，老师让我去办公室一趟，
我以为老师想了解一下情况，我就去了，可当一到那，老师二话不说，先
把纸飞机往桌上一扔，然后以连珠炮的形式批评了我一顿，我一听，甚至要
气炸了肺，我从上学到现在还没这样过呢，所以我就和老师吵了起来，
最后，可想而知，我失败了，从那以后，这阴影从没在我心中抹去。
(2)我最讨厌的人就是现在这个老师，为什么？就是因为第(1)件事了。

二(1)沙盘的第一幕：我把我喜欢地和不喜欢地分别摆了出来，喜欢的不多也
不少，但不喜欢地黑压压一片，都是让我用魔鬼、恶龙、巫师、小丑……
总之，都是坏角色，让我看地心里很烦。
(2)沙盘第二幕：老师让我想像出我和我烦的人一样玩的样子，摆出
以后，我大吃一惊，景象不再是像刚才那样像战争一样有让人压抑地
情景，而是阳光、快乐、和朋友们一样玩的景象，那种快乐，我想象
得到，我想，那就是我心里渴望得到的真正我想要的。

绘画回溯·印证

房： 父亲在家对他要求苛刻，规定放学回来必须学习，别的同学能出去玩，他就不可以，这与鸟笼式的房子相对应。

树： 在校学习成绩优异，得到老师和同学的一致认可，与花树相对应。

他耐挫能力较差，因一点小事老师批评，引发了不满，这与树冠中的蓝色重笔相对应。

人： 他感觉永远有写不完的作业，心里非常压抑、情绪低落，这与卷子被风吹落相对应。

五天咨询后，他画了第二幅画。

第二幅画与第一幅相比，有明显不同：

家庭方面的问题解决了，由鸟笼房变成了正常房，门窗都敞开着。树冠上的重笔消失，阳光普照，小鸟高歌，地上开着小花，脚踏滑冰鞋，心情非常愉悦。

来访者结束前写的感悟

今天，是星期日，是我在心理咨询室的最后一天，在这5天里，在所有老师的细心教育下，我的心结终于打开了，让我感到心里很轻松，感到很愉快，老师，谢谢您！在这儿，我感悟到了很多的道理：在人际交流上，我知道了只有你付出了，才能有回报，多发现一些别人的闪光点，不要去看别人不好的一面，低调做人，高调办事，这样，我才能交到更多的朋友。对爸爸妈妈，平时在生活中多做一些感恩的事，比如：给父母端杯水，捶捶背，帮助打扫一下家……多孝顺爸爸妈妈，这样，在父母去世时，才不会留下什么遗憾。在和老师交往时，不要去和老师争吵，而是去婉转地对老师提一些建议，但老师听不听，就不是我的事了，因为我是去学老师的知识的，所以，只要学习老师的知识就可以了。然后，在做人的德行，言语让我感得了很多很多，德是做人的最重要的一点。老师给我们讲了一个关于四季的故事：这个四季，我是最喜欢夏天，不喜欢冬天，但冬天也不能错过，只要你发现冬天好玩的地方，它也就好玩，你就也能喜欢冬天了。

给学校老师的道歉信

尊敬的老师：

您好，我是您的一个学生，在前一段时间，我犯了个错误，和您顶嘴了，通过心理老师的指点，现在我明白了，您吵我也是因为您喜欢我，因为喜欢我才对我要求严格，谢谢老师了，以前的我没有明白您的意思，还和您争吵，是我不懂事，对不起，以后，像此类这样的低级错误我不会再犯了，现在我已经知道错了，请老师谅解，谢谢老师！

此致

敬礼

学生：

2012年1月8号

结束语

经过5天的心理疏导及心理治疗，同时结合素质教育的六大课程，他打开了心结，学会了接纳、理解、宽容、感恩，增强了耐挫能力，并在学习中找到了兴趣，提升了学习内动力。

附：

3～5天转变一个孩子

目前很多家长面临孩子问题（如叛逆、厌学、网瘾、早恋、沟通不畅等），十分着急，但又束手无策。打骂、指责、理论指导等，结果都不如愿，反而使孩子越走越远。

孩子为什么出现这些问题？对人对事十分敏感、情绪多变、任性、自私，出现人际关系一团糟，处处与家长、老师拧劲，不管你说什么，他们总有反驳的说辞，碰到问题总是外归因，不知道向内求。不明白学习的重要性，致使前景渺茫。

快乐心理咨询工作室本着帮助家长、成就孩子之目的，经过多年的实践，总结出一个成功经验："3~5天转变一个孩子"（用最短的时间让孩子明事理，学会做人，提升学习内动力）。这是用爱编织的良心工程，它有着治标又治本的独特作用，3~5天能解决孩子心理问题，这种方法最为快捷、有效。

在咨询中，青少年问题的个案特别多，很令人担忧。青春期是孩子发展的关键期，也是人生的转折点，这个阶段成长的好坏关系到孩子的一生。

我认为：一是青春期叛逆，二是家庭教育方式不当引发，三是个人秉性及行为习惯的养成所致。

希望家长朋友多关注孩子的身心健康，若发现孩子出现心理问题，请及时做心理矫正。否则，那些没有解决好的心理问题，将会在他们未来的生活道路上设下重重障碍，甚至出现泛化，延至神经症，请各位家长对此重视，再重视！

失去快乐的“小天使”

——青少年逆反心理

周六上午，我和其他老师对绘画资料正进行整理归档。门外突然传来一个女孩的尖叫声：“你带我来这干啥？我没病，是你有病！我走！”

“莹莹，听话，乖，你不是想玩，还想让学习成绩上去吗？这里的老师能让你不费劲就把成绩提上去。成绩上去了，你爸妈也高兴啊。中午爷爷给你买汉堡、炸鸡腿吃，想吃啥爷爷给你买啥，行吗？”一个十一二岁的小女孩满脸的不高兴，被一个七十岁左右的老人连哄带骗地拽进了工作室。

工作人员让他们坐下，叫莹莹的小女孩不坐，朝着爷爷喊：“我没病，你才有病，我走！”转身就要离去，爷爷慌忙拉住孙女的手，用近乎恳求的语气说：“听话，莹莹，给老师说几句咱就走，就一会儿，就一会儿。”孙女看着爷爷，极不情愿地坐在爷爷旁边。

从莹莹的态度、穿着来看，她是一个养尊处优、被宠惯的孩子。爷爷和我说话时，不停地看着孙女，我会意，走到莹莹面前，拍拍她的肩膀：“宝贝，我相信你肯定是个听话懂事的孩子，这样吧，你随我到另一个咨询室里先做个游戏，好吗？”女孩听说做游戏，脸上顿时有了笑容，随我进了咨询室。

我把纸和彩笔递给她：“你先在纸上画个房、树、人，我就知道你想的啥，要不试试？”她对我的话颇感兴趣，一拍即合。

画好后，莹莹用期待的眼神望着我。我走到莹莹身旁坐下，看着画给她讲：

“画中的这个小女孩，长得非常漂亮，学习也不错。不知什么原因，近来她心情非常糟糕，学习成绩也不如以前了。在学校呢，老师布置的作业越来越多，周六周日想玩也不行，家长还逼着她做作业、写卷子什么的，好烦哦。一想到这事，她就生气，大发脾气，谁都不想搭理，心里一点也不开心、不快乐。小女孩想：我不学了，也不做作业了，看你们能把我怎么样！”

莹莹专注地看着我，眨巴眨巴眼问：“老师，您说的是我吧。”

“没说你啊，我讲的是画上的小女孩。要不，咱们一起帮帮她，不让她有这么多烦恼，让她有玩的时间，让她开心快乐起来，你说好不好？”

小女孩站起来，走到我身边，拉着我的胳膊，笑着说：“老师，你也帮帮我呗，我也想有玩的时间，现在我也很烦。”

“想让我帮你，你要配合我，按我的要求去做，你就有玩的时间了。现在，我们和你爷爷一起分析你的绘画，看看你的烦恼在哪里？这样我才能帮到你哦。”莹莹顺从地点点头，不再嚷着走了。

绘画浅析

房

房的整体结构还不错，房顶是紫色的三角形（紫色代表富贵），三角形中有两个不同形状的窗，一个粉色的方形窗（方形代表父亲的要求及规则）和一个圆形的紫红色窗（粉色代表关爱；圆形指父亲有慈母心，父亲虽然很严厉，但刚中带柔、有包容心）。

房体左窗是绿色，线条出格（强调妈妈对孩子的期望值过高），右窗是紫红色（代表妈妈灌输的金钱理念较多）。关闭的双扇门很大（门大，是表明容易进去；关闭，表明进门容易出门难），门上有个圆圈（是学习心不在焉，向外观望）。

树

树画的不完整，左侧从上至下被切割三分之一（表明来访者受到外界环境伤害）。

树长得很茂盛（指树的能量充足，此图中表示来访者比较聪明），树冠呈绿色（代表积极向上），树冠不大（指学习对她来说压力不大），枝条朝一个方向倾斜（属被动学习），树体中多处弧形瘢痕（指来访者受外界环境的负面影响），树干中心有两个大的圆形瘢痕（代表有两次事件给她内心造成伤害，至今不能忘怀）。

人

下雨天，别人打伞防雨，而她偏偏站在雨伞上（代表来访者有逆反心理）。

自画像画得较大（自以为是，目中无人），眼睛下垂（是无奈、害怕与担忧），嘴巴紧闭（代表不想表达），有腿无脚（行动力不足），两只手一前一后，在前的那只手想扶伞把，却故意不扶（代表叛逆）。

公主裙，小圆领、蝴蝶结，胸前点缀非常细腻；头发是棕色，绿色的发卡，很时尚（从这些细节来看，她是个要求完美的女孩）。

莹莹是独生女，出生在一个家境殷实的书香门第，爸妈是当地大学老师，爷爷奶奶是机关干部。

爸妈对孩子的教育理念不一致，爸爸属于赏识性教育，妈妈对孩子的学习要求很严，报了很多学习班，周六周日安排得满满的。有时为此事爸妈会发生一些小争执。平时放学后必须先写作业，写完作业后还有其他安排，一点儿玩的时间也没有，感觉很累。爷爷奶奶看在眼里，又不好插手，只能在生活上无微不至地照顾着莹莹，尽量满足孩子的需要，要什么买什么。

报辅导班初期，莹莹感觉很新鲜，一段时间后就不乐意去了，情绪越来越大，导致学习成绩也跟着下滑。爸妈很着急，又制定了一套学习计划，莹莹不接受，开始对抗爸妈，包括爷爷奶奶在内，对他们不理不睬，学习上逼紧了就哭闹、绝食，不想上学。

爷爷说："就这一个孩子，不能不管，也不能这么逼她？我们是没办法了，只好带她来找你们咨询一下，看是否能帮帮孩子。"

绘画回溯·印证

房：妈妈对孩子的期望值过高，周末报班过多，与绿色的窗户线条出格相对应。

放学回家后，就是写作业，想玩一会儿都不行，学习时心不在焉，与双扇门关闭、门中心有两个圆圈相对应。

树：被动学习，学习目标不明确，与枝条朝一个方向倾斜相对应。

爸妈教育不一致性、妈妈逼着学习，与树体有很多伤痕相对应。

人：哭闹、绝食、不想上学、叛逆，与阴雨天站在伞上相对应。

初步评估：青少年逆反心理

逆反心理是青少年成长中的心理特点。随着青少年自我意识的发展，其“自我支配、自主”的愿望也相应增强；但由于其经验、见识的相对欠缺，容易将“自我做主”的愿望，通过“不听从他人”的方式表达出来。

本案中，莹莹特别主观、自我，反感家长制定的规则和要求，故诊断为青少年逆反心理。

结束语

莹莹的问题在现实生活中非常普遍。

家长爱孩子没错，但爱要有度。无原则的爱会导致孩子以自我为中心，不顾及别人的感受，只追求自我感知的满足。

建议家长理解孩子，明白学习是孩子自己的事情，不要把自己的想法、期望值强加在孩子身上；遇事要换位思考，给孩子一个相对宽松、快乐的学习环境。

妈妈，求你放我一马吧

——青少年逆反心理

上午八点半，有约，是一位母亲昨晚预约的。

不到八点，我就来到工作室，看到来访者已在门口等候，家长的迫切心情，我十分理解。

来访者是一对母女。从母亲的眼神中，得知她内心的焦虑和无助，同时又夹带一丝期待。母亲笑着说："我就这一个女儿，现在上初三，目前学习非常紧张，为了能让她考上重点高中，我在家全身心照顾她，什么都不让她做，怕耽误她学习，她还闹情绪。我们说也不能说，管也不敢管，心里非常着急，就想到了心理咨询，请老师帮我们分析分析，看看问题到底出在哪儿？下一步该怎么做？"

女孩站在母亲身旁一言不发，还时不时地用眼斜瞟一下母亲，不难看出她对母亲有着不满的情绪和怨恨。

为了方便沟通，我把孩子带进另一间咨询室。"孩子，首先老师谢谢你对我们的信任，我也知道你心里有很多他人不理解的委屈，什么事让你受了委屈，咱们是不是要找出问题的根源，找到问题的解决方法才行啊？生气和埋怨都没用的。”女孩认可地点点头，随后做了绘画测试。

绘画浅析

房

房子是黑色的（黑色代表压抑，表示来访者在家得不到关爱）。房顶大于房体（是指父亲在家管事过多），房顶的烟囱被封了口（代表来访者有很多负面情绪不想表达），但有团团烟雾冒出（表明她很善良，不愿将自己的不快告诉别人，因怕伤害到他人，强行压抑，有时不免也会流露出来），单扇窗（指来访者只感受到父母一方的关注），门关闭（是她与父母沟通不畅，对家有抵触情绪）。

树

树干粗壮（能量充足，也可以说来访者智商较高），树干多有风吹雨打的痕迹（代表外界环境对她影响很大），树中有一圆形瘢痕（是有件事使她内心受到伤害，不能释怀）。

树上结有很多果实（代表来访者有理想或在某方面得到过认可），树顶端的分枝很像一只大手（表示个性倔强，意思是我的事不让你们管）。

人

女孩头发分成两束，并重笔涂描（代表有两方面的压力），头发与头皮部分分离（来访者做事急躁、毛手毛脚），黑发中加有紫色（表明来访者追求时尚）。

头顶没有头发（想法比较单纯），头顶有一黑点（指头部不舒服）。没鼻子（可能是鼻炎或没主见），嘴张着（爱辩解），没有耳朵（听不进违背自己意愿的语言）。

身体扭曲，两只胳膊叉在腰间（代表任性），两只手插进口袋（是显摆，很有气势），有腿没脚（代表行动力不足）。

半个太阳（指来访者渴望得到更多的温暖），有几朵蓝色的云彩（代表有情绪）。

我家有三口人：爸爸、妈妈和我。爸爸平时工作忙，经常很晚回家，回来时我已经睡着了，等我起来他又上班走了，所以很少有见面的机会。妈妈身体不是太好，没有上班，在家料理家务。

爸妈很疼我，督促我学习也是为我好，这些我都明白，让我受不了的是，妈妈现在天天看着我学习，逼着我写作业，简直是寸步不离。偶尔出去一次，还像审贼一样，问我上哪去了？和谁在一起等。就是上个厕所她也是不停地催，什么快点啊，时间不早啦，蹲这么长时间不浪费吗？你说，这还是我亲妈吗？现在都这样，上高三还不把我逼死啊？本来初三学习都够紧张的，作业、试卷很多，完不成就是让我玩，我也没心玩啊。最让我烦心的是：写作业时，如果家里来了客人，看着她和客人聊天，其实眼睛会不时地瞟着我。我学习累了，想听听歌或者找同学聊聊天，她就叨唠没完。以前她说话，我还能听下去，现在听到她说话，我就气不打一处来。我都这么大了，也有自己的理想和目标，能不知道学习是为自己好吗？

我最烦谁管我，一回到家，都是她不停地唠叨，快气死我了，还不如没家呢。我又不是小孩，我知道该怎么做；又说我不理解她，她理解我吗？就知道吵吵。现在想想头都大，要不是她哭着求着让我来咨询，我也不来！

说实话，感觉和您聊天我心里轻松多了，平时压抑的难受，没地儿说。老师，求您给我妈说说，学习是我自己的事，让她放我一马吧！再也不要管我，我实在受不了。

绘画回溯·印证

房：房顶大于房体，与父亲早出晚归、挣钱照顾家相对应。

黑色的烟雾及黑色门窗，与妈妈在家不停地唠叨、催促学习，产生不满情绪相对应。

树：绿色树冠和果实，与“我都这么大了，能不知道学习吗？”相对应。

手掌型主枝，与“学习是我自己的事，再也不要管我”相对应。

人：身体扭曲，两只胳膊叉在腰间，手插入口袋，闭眼张口，这些与她排斥母亲相对应。

初步评估：青少年逆反心理

逆反心理是青少年成长中的心理特点。随着青少年自我意识的发展，其“自我支配、自主”的愿望也相应增强；但由于其经验、见识的相对欠缺，容易将“自我做主”的愿望，通过“不听从他人”的方式表达出来。

本案中，来访者认为学习是自己的事，对母亲的经常唠叨、过多管束非常不满，有敌对情绪。故诊断为青少年逆反心理。

结束语

本案例是现实家庭误教理念的一种真实反映，也是普遍存在的一种现象。

处于青春期的孩子，他们的独立意识和自我意识日益增强，希望摆脱成人的监护和束缚，有了自己评判事物的标准和看待问题的特有角度，从而对家长的管教方式产生叛逆心理。

作为家长来说，过多的教导和束缚会适得其反，不如各负其责，各行其是。家长要做的就是心平气和地提建议、帮助孩子分析事情的利与弊、让他们自己选择，而不是反复唠叨。唠叨是对孩子不信任的表现，是家长负面情绪的流露。

转学风波

——青少年厌学

周一中午，我接到一个家长的咨询电话：“老师您好！我是外地的，有个问题想咨询一下，我有一个孩子，今年十三岁，上七年级，现在因为给他转学，没与他商量，他特别恼火，开学了也不去学校报到，拒绝上学。听亲戚说，他家的孩子因厌学曾在您那里做过咨询，现在考上了大学。我也想带孩子找您，不知道您什么时候有时间？”

因近两天咨询预约已满，暂定到周三。

周三上午，母亲带着儿子不到九点就到了工作室。那男孩个头有一米七多，体型偏胖，给人的感觉高大魁梧、有成熟感，外形与年龄极不相符。

按常规，要求来访者画幅房、树、人，做个心理测试。他很配合，画得很快，几分钟就将画好的画交给了我。

绘画浅析

房

房子是用黑色笔绘制而成（黑色代表压抑、有情绪），房是简笔画（代表家对他来说只是个概念而已，没有太多想法，比较单纯）。

三角形房顶，房顶左侧与房体的交界处有轻笔现象（是父亲外出工作，不经常在家）。房子无门（来访者不想外出，也不想与任何人沟通），无窗（没感受到父母的关爱）。

树

树画成绿色（绿色代表生机，此处代表来访者正在成长中），树冠中心空白（指来访者当下没有目标与理想，无所事事），云状树冠有几处重笔（指来访者在学校遇到一些问题，不知怎样解决，内心有抵触情绪），右侧树冠与树干断开连接（指来访者不能走进学校）。

树干下端画有黑色地平线并重笔涂描（强调缺乏安全感）。

人

画有四个人头像，三个被否定（从画中人的肖像看，来访者与周围人的关系极其糟糕，不想与他们共处，对他们特别排斥）。

第一个人：秃头，胖脸，两眼间距大（指做人做事不拘小节），眼中画有一点（看问题不全面），嘴巴涂实（有话不想讲），小鼻子（有自己的想法）。

第二个人：爆炸发型（情绪大，表达直白），龇牙（比较幼稚，爱嘲笑人）。

第三个：头上有几根头发，眼珠上瞟，嘴咧得很大（给人的感觉是傲慢、瞧不起人、好说风凉话）。

最上面那个人，画的是他自己。黑色头发，发丝飘扬（表明受外界环境影响），眼珠外用虚线构成眼眶（看问题单一，对别人过分挑剔），没有鼻子（没主见），嘴角上扬并重笔涂实（想找到快乐、信心不足）。自

我画像有几种脸型，外面有两圈越来越胖的脸庞（指来访者不喜欢现在的自己，要减肥），最里面是较瘦的脸型（是理想中的自己）。

他是独生子，从小他就跟着我和他爸在外地打工生活。因为就这一个孩子，他爸不让我外出干活，只要带好孩子就行。这孩子从小就老实，我怕他出去被别的小朋友欺负，总是尽量不让他离开我的视线，不让他和其他孩子在一起玩。

小学期间，我把全部心思放在孩子上身上，没有让他受过一点委屈，上学、放学都是我接送。初中时因户口学籍问题，我不得不带他回到农村老家上学。农村的学校管理不严，他贪玩，不爱学习，自制力又差，成绩是一塌糊涂。因为学习成绩不好，老师、同学都不认可他，他很自卑。在学校，他又高又胖，同学给他起外号"大熊"，他很生气，为这个外号他经常和同学发生冲突。回到家我就安慰他："你个子高，长得又帅，胖点有啥不好，妈妈看你比谁都强，他们给你起外号，是嫉妒你，不要理会他们。"可这些话对他一点儿用都没有。

后来，我就想把他转到县城里的好学校，现在已经联系好了，但他不同意去，怎么商量也没用。他在家整天不出门，就知道玩手机。我没一点办法，孩子年龄那么小，该上学的年龄不去上学，怎么办？老师，请您帮帮我。

绘画回溯·印证

房：父亲在外地打工，经常不回家，与房顶左侧与房体的交界处有轻笔现象相对应。

现在他在家整天不出门，在家玩手机，与房子无门相对应。

树：学习成绩一塌糊涂，与树冠中心空白相对应。

在家不出门，也不去学校，与右侧树冠与树干断开连接相对应。

人：在校与同学经常发生冲突，与云状树冠有几处重笔、三个人头像被否定相对应。

来访者较胖，想减肥，与自我画像中反复修饰的脸型相对应。

初步评估：青少年厌学

结束语

青少年厌学，是一种很普遍的现象，这与家庭的教育方式、社会环境、个人内在都有很大关系。

本案中，来访者由于母亲的过度保护，无形中占据了孩子的成长空间，使孩子失去了自我成长的机会，致使来访者形成了依赖心理。随着年龄的增长，青春期的到来，来访者有了自己的思想，认为自己长大了，但做事仍不能独立，遇到问题则束手无策。尤其是在校与同学相处，一味地挑剔别人的过错，不从自身找原因，遇事外归因，人际关系出现问题。

家长要掌握正确的教育方法，引领孩子学会人际交往，明确学习目的，提升学习内动力。

因“她”惹的祸

——青少年人际关系冲突

上午9点左右，一位妈妈带着一个大男孩来到咨询室。那个男孩大约十七八岁，皮肤白净、瘦瘦的、中等个，戴着眼镜，显得清秀文气，他低着头一言不发。

我们像平常接待其他咨询者一样，要求来访者画一幅房、树、人为主题的心理测试画。男孩没有拒绝，抬起头看看我，接过笔，在纸上画了起来。

大约过了十分钟左右，他将画好的画递给我。

绘画浅析

这幅画的整体色彩是蓝色，蓝色给人一种较清冷的感觉。

房

房顶尖（代表父亲说话尖刻，易伤人），房顶的右下角强势入驻房体（指父亲管事过多，家里所有的事都要过问，一切都是他说了算）。

墙体不垂直，有扭曲（表明母亲对父亲有成见，情绪很大），左墙根基不连接（代表父母关系不太融洽）。

房门关闭（封闭自我），单窗（指来访者在家只感受到父母一方的关注），窗比门大、窗户框架连接不好（指那种关注让来访者感到不舒服，他想探索外面世界，家是关不住他的，走出去也没问题）。

树

树没根（表明来访者缺乏安全感），树体下端外抛，左侧重笔、线条稍长（指来访者近阶段过于懒散）。

树干伸入树冠较多（内动力充足、上进心强），树上结有几个果实（指有目标），其中离树干最近的一个果实稍有倾斜（代表近期目标受到影响，能量外移）。左侧树冠明显大于右侧树冠（对未来关注多一些），右侧树冠与树干断开连接（学习中断）。

人

人画得较大（代表来访者稍有自负），尖头（代表爱钻牛角尖、个性倔强，认死理），头上几根头发（是汗水将头发湿透成了缕状，代表认准的事，就是再累也要干）。

两眼的眼间距较近（指心胸狭隘，考虑问题有点偏激），眼睛是涂实的（看问题单一，不全面），稍有斜视（可能有情感问题），没有鼻子（指来访者感到压抑、憋屈），嘴巴紧闭（不想说话，是因得不到理解），没有耳朵（不想听唠叨无用之语）。

脖子粗、歪脖（指压力大，易感情用事、固执己见），两只胳膊张开，一长一短，长胳膊有手指，短胳膊没手指（指自己能力有限），两只脚外撇（前景迷茫，定不了方向），左脚原本画的小于右脚，后又重新画（有矛盾心理），力争两只脚一样大（代表想得到别人的认可）。

画的解析得到了他的认可，同时引发了他的兴趣，他好奇地问："刘老师，我内心想的啥你咋都知道？"

我告诉他："是你的画告诉我的。"

"我想拜您为师，可以吗？"

"谢谢你对我的信任，欢迎你过来学习。我想问一下：今天你来，是不是有什么事需要我帮你，能具体说说吗？"

事情是这样的：班里有个女生多次给我写纸条，要求和我建立男女朋友关系，我在俺班年龄是最小的，每天除了学习，课后打打篮球，从来没往这方面想过。不过，有女生追，感觉也挺自豪的。可我一学习或者玩起来，就把这事忘了。过了两天，那女生又找到我，追问："你到底同不同意啊？给个痛快话。"我听到这话，当时脸"唰"地一下红了，不知道怎样回答，就冒出一句："嗯，我再想想。"借故就跑开了。

回到家，我真的仔细想了这事，她既然这么喜欢我，相处一下未必不可，就认真地给她写了纸条，准备第二天课间交给她。谁知第二天，刚走进教室，我就看到她和班里的另一男生友好，看到我进来，那男生大声说："他有什么了不起，不就是学习好点吗，小白脸！"那女生还不时地朝我斜视，我感觉他们说的就是我，当时就火了，冲上去就和那个男生扭打起来。突然听见有人大喊"老师来了"，围观的同学一下子全散了，我这才反应过来该上课了。我当时的感觉是这事让老师知道真丢人，于是拿起书包不顾一切冲出教室。

此后，尽管老师多次给我打电话，父母催促我去校上课，我都不想再踏进这个校门。

不去学校，我就在家玩游戏，花钱买装备，不分昼夜，整天沉浸在游戏中。我不上学，玩游戏照样也能玩出名堂来。于是我就在网上买书，自己钻研，做游戏程序，也赚了点小钱，但由于书本上的知识有很多我都弄不明白，就研究不下去了。感到前景渺茫，不知何去何从，我内心非常痛苦。

我有两个孩子，他是老大。他爸爸脾气不好，主观意识很强，为此我俩经常吵架。

孩子今年上高一，学习成绩非常好，得到老师和同学的认可。看到孩子学习那么争气，他爸爸的脾气也有所收敛。若孩子学习照这样下去，考重点大学是没问题的。可最近不知道怎么了？他突然就不去上学了。老师多次打电话叫他也不去。我们问他为什么？他也不说，像变了一个人，不让说一句，谁说就和谁吵，经常在家耍横，烦了就砸东西；彻夜玩电脑，白天长睡不起。由于长时间玩电脑，颈椎也出了问题，叫他到医院看看，也不听。他爸本来就是火暴脾气，看到孩子这样，又气又恼，就揍了他一顿，把他反锁在屋里。他把门、窗砸坏，离家出走，我们急得到处找，后来在网吧里发现了他，才把他带回家来。后来，听朋友说有个快乐心理咨询中心做青少年问题做得不错，得知这个信息，我感觉孩子有救了！

于是就给孩子商量："你可能遇到了什么事，不愿给父母说，我听说有个心理咨询老师，她非常理解孩子，要不咱去找找她，看她能不能帮帮你。"我的提议，孩子没有反对。我们来找您了。

绘画回溯·印证

房：父亲脾气暴躁、夫妻经常吵架，与墙体扭曲、左墙根基不连接相对应。

来访者不与家人沟通，与房门关闭相对应。

树：现在不去学校学习，与右侧树冠与树干断开连接相对应。

近期过度懒散、昼夜不分玩游戏，与树体左下端外抛线条过长相对应。

不去上学、钻研游戏，与离树干最近的一个果实稍有倾斜相对应。

人：发生打架事件后，老师多次打电话要他去学校上课，他置之不理，这与画中的尖头相对应。

钻研游戏软件不成功，能力有限，与胳膊长短不一相对应。

他感到痛苦，不知何去何从，与两只脚外撇相对应。

初步评估：青少年人际关系冲突

青少年人际关系冲突是指人与人在交往过程中产生意见分歧、争论、对抗，使彼此关系出现不同程度的紧张状态。表现为攻击行为，如打架、说他人坏话、孤立他人等。

本案中，因交女友一事，一男生对来访者进行嘲讽，来访者控制不住情绪，与该男生扭打起来，造成同学关系紧张。故诊断为青少年人际关系冲突。

结束语

对于青春期的学生来说，都有一种争强好胜的心态，因而在同龄人的交往中容易产生误解和冲突。

本案中，来访者性情较为孤傲，做事认真，眼里容不得沙子，遇事心态不稳，易冲动，不能很好地掌控自己的情绪，经常因一件小事就与同学发生冲突。

建议来访者培养良好的心态，学会宽容、理解、接纳，搞好人际关系，逐渐完善人格。

后记

在工作室做了十多次咨询，来访者改变了错误认知，重新走进学校。在他高中期间，我们不定期地对他进行咨询跟踪。两年后，他顺利考上了重点大学。在去大学报到之前，他来到工作室看望老师，又画了第二幅画：

绘画浅析

整幅画全是黑色，黑色一般代表压抑，也代表神秘或成熟与稳重，在这幅画中的黑色代表成熟与稳重。

房

房子稳固，大小比例适中，房门中有两个点一长一短（代表正在恋爱中，情感待续）。

树

树在画中占的比例较大，结有果实，每个果实上都有柄（代表来访者实现了目标，并得到他人的认可）。

树的整个能量充足，美中不足的是树体下端外抛（做事稍有懒散，自控能力不够）。

人

头发长（含有女子气质或女友形象经常在脑海中回放），两眼眯起，嘴角上扬（内心充满喜悦），两只胳膊伸展，大拇指翘起（得意扬扬），缺指少脚（粗心大意），衣服上有三颗纽扣（想得到别人认可）。

相信来访者会越来越好，预祝学业有成！

躁动的心

——婷婷的考前焦虑

来访者是一名高三女孩，她叫婷婷。她，白皙的脸庞、长长的睫毛，尤其是一双大眼睛像会说话似的，忽闪忽闪地挺讨人喜欢。

这次咨询是她母亲带她来的。妈妈说，这次孩子来咨询是她自己的主意。孩子说最近在学校里的学习状态很不好，经常感到头疼、胸闷，去医院检查也没什么问题。

女孩坐在我面前，双手交叉紧握，不时搓手，看似很是焦虑。“老师，我面临高考，心里非常紧张，看书静不下心来。模拟考试时，脑子经常出现空白，我该怎么办？”

“你现在这种心理状态，其实很正常，因为高考是人生的一个转折点，很多考生都和你一样。你先做个房、树、人测试，然后咱再一起找找原因。”

大概过了二十分钟左右，婷婷把画交给了我。

婷婷的画很精美，像是待装裱的小幅油画作品。

在一片空旷的土地上，有一座房子，金色屋顶上的烟囱缓缓地冒出炊烟。房屋旁有一棵郁郁葱葱的大树，有几颗小小的青色果子在坠落。房子和树的右侧，一个穿着吊带裙的高挑姑娘，双手背后，微笑着站在那里。

房

房的整体轮廓由黑色勾勒而成，房的两大结构是房顶与房体（房顶一般代表男人，在本图中代表她的父亲，房体代表母亲）。房顶大于房体（代表来访者的父亲在尽心尽责地照顾着这个家），房顶是由黄色底色与黑色轮廓的小瓦组成（黄色是金钱与地位的象征，黑色是来访者不太喜欢这种育人方式，小瓦表明父亲有传统理念）。房顶侧面由两个三角形组成（强调父亲办事、考虑问题细腻，但很有个性，对家人说话语气生硬），房顶上有个烟囱，有烟雾冒出（是代表来访者对家有不满情绪）。

房体的主色调为蓝色（蓝色属于冷色调），蓝色是从下往上慢慢变浅。蓝色线条，呈水波纹状，尤其是房体的上半部分更加明显（水，代表情绪；波纹，代表眩晕，是来访者得不到家人的关爱，产生负面情绪）。两扇灰色的门建在侧墙上（代表来访者不想面对现实），门是关闭的（是自我封闭，不想与人沟通）。房体正面墙上有扇窗，窗框仍然是灰色的，室内光线是白色（白色是冷色调，代表家庭氛围的不温馨、有凄凉感）。房子有金色的阴影（指来访者渴望家庭和谐、温馨）。

树

树由三个部分组成：树冠、树干和树根，这三个部分相互关联，密不可分，各代表了不同的含义。

树叶浓密，呈绿色（代表来访者在学习方面有进取心），树叶绘制的笔法十分随意，圈圈相连（代表来访者有焦虑情绪，学习时注意力不能集中）。枝条不够长，笔触较轻，部分呈黑色（代表来访者稍有负面情绪），树冠的上半部分与枝条不连接（是外界环境强加给她的学习理念：必须把

学习搞好），青涩的果实在掉落（青涩代表不成熟，果实代表理想，掉落是失落，是部分愿望不能实现）。

树干，代表从出生到现在的整个成长过程，也是来访者的年龄段。树干中有两处伤痕，一处在树干中上部的右侧（经量化后可以看出是在 14 岁左右内心受到过伤害），另一处在树干上部的左侧黑色重笔处（是指近阶段受到外界环境的负面影响）。树干底部外抛（最近较懒散）。

根是树的营养器官，负责吸收土壤里的水分，树两侧的根系带有根毛，根毛可有效地增大植物的吸收区域，也是来访者需要获得支持的象征，树根外露（表明她缺少谦卑之心）。

人

从整幅画来看，房树人比例不太协调，人大于树，更大于房（说明来访者比较自我，很在意自己在他人心目中的位置，极力想得到他人的认可）。

女孩身材高挑，衣着鲜艳，颜色搭配适中，裙下摆描绘细腻，头发的发丝梳理有序、项链佩戴恰到好处，连舞蹈鞋的鞋带都描绘得那么细致（代表来访者做事细腻、要求完美）。画中人嘴角上扬，面带微笑，眼中却含有泪花（指来访者是戴着面具做人，属于矛盾心理）。

我今年 17 岁了，是家中的独生女。爸爸在机关工作，他的收入是我们家的主要经济来源。他在家很强势，也很霸道，我和妈妈不管愿不愿意都得服从于他。

我爸爸的收入较高，妈妈也没出去工作，在家料理家务。从我记事起，爸妈就很少交流，他俩在家经常是各干各的，一天说不上几句话。爸爸平时对我要求很严，打心里来说我有点怕他。现在我长大了，感觉待在家里很压抑，有时会产生离家出走的念头。这次妈妈带我来咨询也是瞒着爸爸的。

我学习一直很好。在校与老师、同学相处得也不错。我是班里的文体委员，以前在高一、高二经常代表学校参加市里的各种比赛，拿过好多奖，我很自信。可是最近不知道怎么回事，上课时不能专心听讲，做作业也不能完全静下心来。有时候会出现头疼、胸闷现象，还会无缘无故地发脾气，我知道这样发脾气是不对的，但控制不了。我不知道这是怎么了？

在初三的时候，我也曾出现过类似情况。从初一到初三我一直是班里的尖子生，成绩一直保持前三名。那时候爸爸对我的学习非常满意，他经常在同事、亲戚面前夸我，说我学习好，一定能考上重点高中，将来考上清华北大也是板上钉钉的事。每次他这样说，我心里都很反感，也很担心。万一我考不上呢？有时，正复习着功课，突然就会想到爸爸的话。后来中考考数学的时候，卷子一发下来，莫名其妙地大脑出现一片空白，我什么都想不起来了，连最简单的题我都感觉很陌生。由于过度紧张，我考砸了，成绩离重点高中的分数线仅差了五分。那次考试给了我很大的打击。

我是拿借读费才进的重点高中，爸爸觉得这事丢人，不让我告诉任何人。但每次想到这件事我就很不舒服。

现在我上高三，面临高考。老师，我真的很担心、害怕，您说我会不会出现中考时的情形，如果再出现一次，我就彻底完了，我不知道该怎么办？

绘画回溯·印证

房： 来访者的父亲在家强势，对家人说话语气生硬；父亲的收入是她家的主要经济来源，这些与画中的房顶相对应。

来访者在家感受不到更多的温暖，时而出现离家出走的念头，与画中的窗、侧门相对应。

树： 由于父亲的炫耀，导致她在 14 岁左右中考失利，与画中的第一次伤痕相对应。

由于来访者面临高考，学习压力较大，产生焦虑心理，害怕中

考失利重现，与青涩的果实坠落相对应。

上课静不下心来，焦虑不安，与画中树冠上出现圈圈相连的树叶相对应。

人：来访者学习好，有气质，受到老师和同学、家人的认可，这与人的肖像画的较大相对应。

初步评估：考前焦虑

考前焦虑是一种因考试产生的焦虑状态，以担忧、害怕、紧张为基本特征，通常伴有躯体症状，如心悸、胸闷、头痛、头晕、失眠、消化不良等。

本案中，来访者面临高考，现在看书、做作业静不下心来，上课时不能专心听讲，考试时脑子经常出现空白，有时候会出现头疼、胸闷等现象，这些与考前焦虑的症状相符，故诊断为考前焦虑。

结束语

针对本案例而言，来访者的考前焦虑，主要源于家长的错误理念。她父亲太要面子，因自己的虚荣心，把孩子的成绩作为炫耀的资本，这样做的结果只会给孩子造成无形的压力和伤害，使孩子认定只有考出好成绩，才能体现自身价值，才能得到他人的认可。家长的下意识作为，只会让孩子更加焦虑不安、害怕失败。

建议家长和孩子同步改变错误认知，用正确的心态对待高考。孩子学习要劳逸结合，在放松训练的基础上做系统脱敏，消除紧张状态，才能在考场上发挥到极致。

走出灰色的童年记忆

——一个女大学生的心理问题

暑假，是学生来做咨询的高峰期，也是我们工作室最繁忙的时候。在放暑假的前一天，一位女生给我打电话预约做心理咨询。

第二天上午来访者如约而至。她说自己今年 19 岁，在外地上大学，遇到了自己解决不了的问题，无法与人倾诉，想找心理咨询师诉说心中的烦忧。她在与我交流时，不敢与我对视，声音很小，十分拘谨。

我拿出纸和笔，让她画房树人心理测试画，了解问题的源头。

绘画浅析

房

房子只是客厅的简单平面图，有蓝色的沙发、茶几、黄色的窗帘（说明来访者想拥有自己的一个家。对家想法简单，没有完整的概念），门开

得很大（来访者内心充满了对家的期待）。

树

树，画在纸张的正中心（代表来访者很在意自己的成长），这棵苹果树的树冠过大，与树身不成比例（表明来访者成就动机过于强烈），树叶、果实描绘非常细腻（是要求完美），大而红的苹果分布均匀（代表有理想和目标），苹果上出现白点（是阳光的照射，在绘画里是高光的表现，代表渴望温暖）。

树干非常直（表明来访者整个成长过程比较顺利），树干的上端有两个对称的黑点（是来访者内心受到伤害；经量化，大约是 19 岁左右受到外界环境的负面影响），树干右上端有一个黑知了（是童年的灰色记忆，至今内心还隐隐作痛）。树的根系弱小、扎地肤浅（指来访者严重缺乏安全感，有恐惧心理）。

大树的右侧有棵黑色的小树（黑色代表抑郁），黑色小树非常弱小，树干的一半被砍去（表明来访者在幼年时期，因受外界环境的伤害，内心受到了严重创伤），树干顶端只剩下一个黑色枝条勉强支撑（表明生命力弱小，苟且偷生）。

人

树下站着个小女孩（用黑色笔描绘，黑色代表压抑），女孩大约有两三岁，两只小手戴着手套，脚像两个黑色石坨（给人的感觉非常沉重，此图中代表女孩行动不便），呆呆地站着，可怜楚楚地望着远方（画中人是一种心理投射，成年人把自己画成儿童。表明来访者至今活在幼年的追忆中，有抑郁情绪，渴望得到关爱）。地上的小草、小花也是黑色的（表明来访者心情极其糟糕）。

今年我19岁，姐弟两个。在我两三岁的时候，妈妈生了个弟弟，后来就把我送到奶奶家。刚离开家那一段时间，我老是哭闹，吵着让奶奶带我回家找妈妈；我奶奶脾气不好，她就“黑”着脸吵我，并把我关进小黑屋，我很害怕，大声哭着央求奶奶“我不再找妈妈了，让我出来吧。”从那以后，我再也不敢在奶奶跟前说找妈妈的事了。

记得在我四岁多时，妈妈把我接回了家，送进幼儿园。在幼儿园里我不敢和小朋友玩，总是一个人坐在角落里看小朋友们做游戏；老师叫我回答问题，我也不敢站起来。回到家，本来想得到爸妈的爱抚，可恰恰相反，爸妈却把我当成了弟弟的佣人，动不动就让我给弟弟拿这送那；买零食也是以弟弟为主，给他的多，给我的很少。我把这些不满全归到弟弟头上，只要家里没人，瞅机会我就打他。后来弟弟大了，会给爸妈告状，爸妈就吵我。

由于他们偏心，我很失落、自卑，小时候的情景也总是在脑海里不停地闪现，致使上课注意力不能集中，影响了我的学习。为了证实我比弟弟有出息，我啥都不想了，只想着学习，把所有的时间、精力全都用在学习上。在我的努力下，去年终于如愿以偿，考上了我理想的大学。

大一时，我认识了一位异性朋友，他对我很好。出去玩时，他不是挽着我的胳膊，就是牵着我的手。有时我走累了，他还会背着我，我感觉找到了依靠；不管遇到什么事，我总让他为我出主意想办法。我时时都想和他黏在一起，不分时间段地找他微聊，开始还行，后来他说，你有点太黏人了，我受不了，还是分开吧。

我顿时脑子一片空白，怎么会是这样？什么海誓山盟，什么天长地久，一切都是谎言。

分手一个月了，我上课没有心思听，做事注意力分散，晚上常做噩梦，非常痛苦，我对他又爱又恨，总是忘不掉他。这事我不想让家人知道，也不想给其他人说。我想问您，是我错了还是他错了？问题到底出在哪儿？

绘画回溯·印证

房：来访者在家没感受到父母的关爱、家庭的温馨，对家的情感淡薄，与房子只有客厅的简单平面图相对应。

树：为向父母证实自己比弟弟有出息，来访者成就欲过强，与树冠过大相对应。

来访者考上了理想大学，与红色果实相对应。

来访者成长过程中内心的创伤，与树体上端的黑知了相对应。

人：幼年寄养在奶奶家的灰色记忆，与图中右侧的黑色人、黑色的树、黑色的草相对应。

初步评估：一般心理问题

评估依据：

1. 由现实因素激发。
2. 持续时间较短（不间断持续一个月，间断持续两个月）。
3. 基本能维持正常生活、学习、社会交往，但效率有所下降。
4. 情绪反应在理智控制之下，尚未泛化。

在该案例中，来访者的苦恼是由现实刺激（男友与她分手）引起的，持续时间一个月，生理功能和社会功能受到轻微影响，但不良情绪并没有泛化，属于一般心理问题。

结束语

来访者幼年感受不到家人的关爱，胆小怕事、自卑。幼年的缺失想在男友那里得到补偿，一旦失去了男友，对她来说等于失去了依靠，内心落差会很大，随之而来，便会出现一系列的心理问题。

建议来访者改变错误认知，理解他人，宽容待人，放下过去的一切不愉快，学会独立，直面人生，做人生的强者。

都是“胃病”惹的祸

——严重焦虑情绪

下午四点多钟，一个没有预约的女孩来到工作室。她，高挑身材、眉目清秀、气质很好，却满脸的忧郁。

她做了自我介绍：“我是一名高二学生，只要到人多的地方我就会紧张，比如：在班里听课我紧张，去学校餐厅吃饭紧张，有时坐公交车我也紧张。只要是人多的公共场所，心里就控制不住地紧张。我在网上查这些症状，是属于社交恐惧症。我害怕这样下去，就会成神经病，如果那样，可就毁了我的一生。我很想医治，又怕别人知道笑话我，这些事我不敢告诉任何人，只能偷偷地在网上查找心理咨询老师，就找到了你们工作室。老师，这种症状能治好吗？”

看着这个秀气有点腼腆的女孩，心想：又一个“对号入座”（遇到问题在网上查找资料，私下定论）的来访者。在给她做咨询前，我已告诉她

咨询程序：先画一幅画，做个绘画测试。

绘画浅析

房

房顶是由金色的砖砌成（金色代表财富，房顶代表父亲，表明来访者的父亲收入颇丰，家庭经济条件比较优越），房顶右下端线条外延（代表父亲情感外移），房顶右侧有一封了口的烟囱（是对自己情绪的压抑），烟囱上方有团团烟雾冒出（是来访者控制不住自己的情绪，致使情绪流露）。

圆形（有女性气质或艺术潜质），棕色单扇窗（表明她只感受到父母一方的关爱），双扇门关闭（是隐私不想外露），门上有一个把手（她有交异性朋友的想法）。

树

画中有 4 棵树，其中 3 棵矮小（本图中代表小学、初中、高中的成长过程），1 棵很高大（代表现在的自己）。

大树树干高大笔直（指来访者从小到大成长比较顺利，没受过大的挫折），树干上有一条长长的曲线（代表负面的追忆一直缠绕着她），树干右下侧有一部分缺失（是幼年有爱的缺失）。树没有地平线，也没有根（表明来访者缺乏安全感，有恐惧心理）。绿色树冠较小（指学习压力不大），树冠的枝条呈斜条状（是被动学习，没有明确的目标）。

人

头顶上画一灰色三角形，内有多个斜条（代表心理压力大，有很多烦心事得不到解决）。头部五官缺失（表明来访者不闻不听不看不说，是逃避现实，不想面对），肢体由五条线组成，线条简洁，躯体一带而过（表明有焦虑情绪存在）。

人的右侧空白处稍多（来访者在潜意识里有为自己争取个人空间的愿望）。

两朵醒目的蓝云上画有很多条纹（代表有情绪，有压抑感）。

我是独生女。爸爸做生意比较忙，妈妈在家打理家务。爸妈在学习方面一直对我要求非常严格。我很想有自己的独立空间，不想让父母过多干涉。比如：他们俩正看电视，我一进家门，他们马上关电视，说是给我提供一个安静环境；有时我在房间里写作业，他们时不时地给我送水或水果，表面上是关心我，但我觉得他们就是在监视我。他们很多时候的做法，让我很不舒服、反感，感到压抑。

其实，他们对我也挺好的，从没有打骂过，也没有因为学习责备过我。对我的教育是那种鼓励、赏识性的。对于考试我从来没什么压力，即使考不好，他们也不吵我，只是一味地鼓励，劝我不要灰心，继续努力，加油什么的。可是他们越是这样鼓励，我越有压力；这种无形的说不出来的压力，让我心里烦躁、焦虑。感觉考好了是应该的，考不好是对不起他们。这种负担让我不开心不快乐。

从小我的胃不好，有时还腹胀、难受、呕吐。姥姥说妈妈从小胃也不好，胃病可能会遗传。我胃不舒服，又感到自己口腔有异味，害怕别人闻到嫌弃我，当别人离我稍近时，我就会紧张、敏感。上初中时，我最好的朋友曾经问过我，“你口里有味，是你的胃不好吗？”我本来就担心别人能闻到，她这么一说，我确信别人一定能闻到，心里又增加了压力，对别人的反应更敏感了。

听一个中医说：“人紧张，会牵扯到胃。”我相信中医说的。我的胃不舒服，可能也是因为紧张引起的。

现在一进教室看到同学，我就开始紧张，手心出汗、胸闷、全身绷紧，胃就开始难受。看到别人深呼吸，或者捂着鼻子，总认为别人闻到了我的异味。因为这件事，我就开始天天戴着口罩。尤其是在安静的环境，我会不由自主地想起这个事，一想，胃就难受。我有鼻炎，一受凉，感觉鼻子里也有味了，加上胃的不舒服，最后不知道该怎样呼吸了。这种感觉

让我无法安心听课，我怕这样下去会影响我的学业，以后再影响我的生活和工作。

还有个事，一直埋藏在我的心底，到现在都很纠结。五年级的时候，我无意中在电脑上看到了父亲与其他女人的聊天内容，全是那些暧昧的亲密话，看后，我心里很紧张，又不敢告诉妈妈，害怕他们离婚。虽然现在爸妈关系很好，但这件事却一直影响着我。

绘画回溯·印证

房：父亲做生意、经济条件优越，与金色房顶相对应。

来访者发现父亲与其他女人聊天暧昧，与房顶右下端线条外延相对应。

在家学习时父母送水或水果，没感觉到关心，反而有监视的感觉，非常压抑，与烟囱顶端的出口被封，仍有一团团烟雾冒出相对应。

树：来访者患有胃病、父亲暧昧之事一直缠绕着她，与树干中的曲线相对应。

人：来访者有很大压力，与头上灰色三角形相对应。

初步评估：严重焦虑情绪

严重焦虑情绪有以下特点：

1. 患者基本的内心体验是害怕，如提心吊胆、忐忑不安，甚至极端恐慌或恐惧。

2. 焦虑情绪具有明确的原因，而且随着焦虑情境的离开，焦虑体验也随之消失。

3. 实际上并没有任何威胁和危险，或者用合理的标准来衡量，诱发焦虑的事件与焦虑的严重程度不相称。

4. 焦虑体验的同时，有躯体不适感、精神运动性不安和精神功能紊乱。

本案中，来访者因胃病出现口味，只要在人多的地方就会紧张，在校不敢与同学近距离接触。一进教室看到同学就开始紧张，手心出汗、胸闷、全身绷紧，胃就开始难受；离开人群聚集的场所，这种焦虑体验也就逐渐随之消失。这种现象与严重焦虑情绪的特点相符，故诊断为严重焦虑情绪。

结束语

本案中的来访者，受自我暗示的影响，感觉胃病加重，不能走进人多的公共场所。

来访者性格内向、耐挫能力差，家人怕伤害她，一味地采取“所谓”的赏识教育。殊不知，这样做的结果给来访者在学习上造成了无形的压力，更多地担心成绩下滑，对不起家人。在意识上压抑着这种痛苦，时间久了，心理问题引发了身体问题，如胃病、口里有味等，这也早已是一个不争的事实。在潜意识里实际上是给自己找的一个合理化的解释。

经过几次心理治疗，她改变了原来的错误认知，严重焦虑情绪逐步消失，现已步入正常的学习和生活。

画语之趣

——自卑心理

画语，心之声！那些无刻意的绘画，在咨询师眼里，能看到绘画者内心世界不为人知的秘密，那就是潜意识的独白。

看到这幅画，我心里很不舒服，可以说是很难过……世界之大，为什么容不下一个小小的他？为什么这孩子想在世外桃源求生存？一个 15 岁的初中生，他在生活中到底遇到了什么问题，让他的心境如此低落？

画中有太阳、有云、有山、有水、有房、有树、有人、还有一些稀稀疏疏的小草，看似很不错，但从房、树、人有寓意的三个元素来看，则隐含着很多不同内容。画面上这些看似独立的物体，似有内在生命的连接，好像它们互相倾诉着什么。倾诉什么呢？我们一起来听听。

山的困惑

山说："我长得虽然高高大大、高耸入云、威武挺拔、峭岩陡壁，却是连鸟儿也飞不进来的寸草不生的怪山。其实我内心深处的感受是悲伤、忧愁，甚至是郁郁寡欢，我觉得自己没有任何价值，草不生，树不长，连飞鸟都不亲近我，光秃秃的没有盼望，一年四季对我而言只是数天数。"（大山代表压力、孤独、抑郁、无奈）

河的诉说

小河听了，在一旁缓慢地流动，开始回顾自己走过的历程。它长长地叹了口气，说："我昼夜不息地流淌，水上无船划行，水下无鱼游动；没有青草鲜花的陪伴，哪里会有人们对我的重视和关注？谁在这穷河上架桥铺路，谁又有心思装扮我呢？（河水代表失望，也代表情绪）

我曾失落过，曾怨天怨地，又有何用？转念一想，如果换个角度看问题，没人欣赏，反倒落个人少事少，清净悠闲，不受世俗骚扰，岂不是好事？水是水，土是土，泥是泥，万事万物各有不同，各有利弊，没有好与不好之说，一切顺其自然，挺好！挺好！"

树的言语

树在屋后，形单影只，性格内向的它有点耐不住了，低声地说："我也很孤单，家不在广阔茂密的森林里，没有同伴，没有朋友，脚旁只有几棵稀稀松松的小草。

幼年的我体弱多病，长势确实不好，根系没有足够的力量，不能扎深汲取更多元素的营养成分。由于没有充足能量支撑，我真的太累了，什么都不想干，只想休息，混一天过一天吧。"

（内心再次转入治疗）"目前这些都是暂时的，因为我也有理想啊，只有积极进取，才能蓬勃向上，树上结满果实！哦，我明白了：现在先小休片刻，调整内在，平稳心态，将来小我能变成大我。"（预示个人成长）。

房的职责

房子（代表家、父母）听了，淡淡地笑了，说："酸甜苦辣、喜怒哀乐，这就是人生百味。

我的职责就是帮助成就每一个家人，为他们遮风避雨。一年四季，我长期饱受风吹雨打，也随时面临倒塌的可能，可我不怕，我会努力修复，因为有你们在，我就要努力体现自己的价值。

小树啊，要想长成才，靠的是你自己，是你内在的力量！只要你想做，就会如愿。比如一个鸡蛋，从外面敲开只是一餐饮，从内突破就是一个生命，生命要比餐饮高尚多了。你是一个生命体，现在只是病了，我相信：你一定会好起来的！"

太阳的话

太阳微笑着，俯视着它们说："你们说的都不错，说出了各自的心声。我呢？一如既往地用温暖的阳光普照你们，让你们孕育成熟，健康成长。但你们要明白，你们各自的存在都有各自的价值。现状不好，不代表以后不好；相信自己，没有过不去的坎儿，只要有决心和信心，都会如愿。"

小人悟道

此刻，一直站在一旁有抑郁情绪的小人被感染了，咧着嘴、晃动了一下僵硬的身体说："我感觉到了，其实你们都是爱我的，我不再退缩，我要长大，可是我怕……我长得矮小，五官、肢体还没有发育成熟，我的心理年龄太小，需要大山的力量、小河的滋养、房（家）的帮扶，我需要大自然的拥抱，我要洗掉自卑、自弃的容颜，我要寻找自信、自强的动力，让内心强大起来。在你们的帮扶下，我一定会成功，一定要成功！"

我现在读初三，学习成绩还可以；平时不爱说话，也不想说。在学校，尽管我努力学习，感觉还是一个没人喜欢的学生。因为家境条件不好，我很自卑。别的同学穿的、吃的、用的都比我好，他们想要啥都有啥；他们每天吃着零食，相互嬉笑打闹，开开心心。这些我都不敢奢望，再说，也没有让我开心的事啊。爸爸常年有病，不能工作；我要上学，全靠妈妈一个人挣钱支撑着这个家。每天看到妈妈很疲惫地回到家，还要干这干那，忙个不停；我很难过，就不想上学，想帮着家里做些事，减轻妈妈的负担。但妈妈反对，不让我想家里的事，让我好好学习，争取考上好的大学。爸爸每年的医疗费还有我每学期的学杂费，再加上全家生活的各种开支，都需要很多很多的钱。妈妈没有正式工作，都是靠打零工维持，我心里很难受，也很纠结。

让我最伤心的是每年过节走亲戚。因为穷，买不起太好的礼物，亲戚们那轻蔑的眼神，根本是瞧不起我们，每次看到我很不舒服。尤其是过年发压岁钱，都数我的最少（当时不知道，后来我们几个年龄差不多的小孩在一块玩时听到的），我难过极了。从此，我不再串亲戚，我发誓：我要好好学习，考出好成绩，上个好大学，挣大钱让爸爸妈妈风光，让那些看不起我们的亲戚都来高看我们。

后来，我越想学好，越是学不好，感觉压力很大，心堵得慌。不知道为什么，这次考试成绩不但没提升，反而下滑得厉害。

说着说着，他哽咽起来。

我用手拍拍孩子的肩膀，递过纸巾，说：“孩子，不要难过，你是一个有孝心的孩子，你想用成绩报答父母，用学习改变生活，用知识改变命运，这很好啊。你要知道，学习是需要循序渐进的。在学习过程中，你想学好，又认为自己都不行，怀疑自己的能力，这种矛盾心理导致了你错误的认知，让你痛苦难过。孩子，首先要相信自己：你能行，你是可以的！

从现在开始，老师愿意和你一起携手共进，找到成绩下滑的原因，解决存在的问题，让梦想变成现实，你愿意吗？”

他望着我，坚定地点了点头……

绘画回溯·印证

房：因家庭贫困怕人瞧不起、不愿与人往来，与房子建在大山里相对应。

树：渴望向上，与绿色树冠相对应。

人：自卑心理，与黑色的小人相对应。

不再串亲戚、以后要考上好大学，与小人欢快相对应。

需求温暖，与太阳相对应。

学习压力，与大山相对应。

初步评估：自卑心理

自卑心理是一种因过多自我否定而产生的自惭形秽的情绪体验。

本案例中，来访者产生自卑心理的原因如下：

1. 来访者家庭贫困，吃、穿、用都不能和别人相比。

2. 过节亲戚团聚时，发给他的压岁钱都比别的孩子少，一样的人不一样的对待。

3. 想通过努力学习改变家境，但因学习时想法过多，注意力不能集中，致使成绩下滑。

故本案例诊断为自卑心理。

结束语

自尊心与自卑感的矛盾冲突，来访者过于否定自我，看问题较单一，导致来访者心态不稳，心理不平衡。

建议：来访者调整心态，找到自信，完善自我。

水漫“金山”

——严重心理问题

临近中秋，一个朋友打来电话说：“我孩子今年 27 岁，一直在外地工作，不知什么原因他辞职了。回来后，一副心事重重的样子，对谁都是那么冷漠，问他遇到什么事？他都说没事，再问，他就很反感，不再吭声。他这种状态，我非常担心，麻烦您给孩子看看。”我给她预约到第二天上午九点。

第二天，妈妈带着大男孩如约而至。男孩，一米七五左右，身体胖胖的，腹部有点凸显，给人以慵懒散漫的感觉，没有年轻人应有的朝气。他戴着一副眼镜，透过镜片可以观察到眼睛迷离无神。按常规，让男孩画房、树、人。

大约十多分钟，大男孩就把画好的画交给了我。

以下绘画浅析，是绘画的综合分析，也是来访者潜意识流露出的真实表白。静下心来，仔细看画、阅读文字，慢慢体会其中的奥妙！

画外音:

有一首歌这样唱道:“我心中有一个太阳,我心中有一个月亮。我眼前有一片红花绿草,我听到小鸟在歌唱……只要我心中有个太阳,心灵就不会暗淡无光。”

歌词多好啊!万物生长靠太阳,可是我心中的太阳在哪儿?温暖的话语在哪儿?我的爱在哪儿?谁又能给我指引方向?没有,通通没有,我心中的太阳早已经不复存在。你看到了吗?太阳已被黑色的怪圈包围,散发出来的是黑色的光,我从没感受到太阳的温暖。凄凉!

房

房门紧闭,阻隔不了父母不和的吵闹声。想管,但无能为力,只有和女友一走了之。

瞧,肆虐的洪水,向居住地围剿而来,几只乌龟手持兵器想保护此房,但身不由己,被困在房外的栅栏中进出不能,焦虑、躁狂、沮丧又有何用?

我问来访者:“栅栏里你画的是什么?”

来访者回答:“本意是画小草和花,不知怎的就画成了这样。”我笑了笑,说:“这就是潜意识的主宰,意识是掌控不了的。”

树

我就是一棵成长中的小树,从小到大饱经风霜,伤痕累累。因为我早已得不到阳光的亲吻,停止了光合作用。

我知道自己需要什么?我也知道自己应该做什么,我也想把它做得好些,可脑子不听我使唤,负面的情境片段经常像电影一样展现在我眼前,我就像被无形的网笼罩着,只剩苟延残喘,哪里还有什么能量可言?

人

我不想听,也不想看,更不想说,因为我管不了,尽管我聪明,有智慧，能看透问题所在，可这些有用吗？他、她、她的需求是啥，我全知道，统统低智商。

这不是身体魁梧、打架所能解决了的事情。唉！各有各的想法，我已无能为力。

我的压力很大，想诉说，又能说给谁听？不由满腔怒火，情绪起伏不定。凄惨无助的我，真是叫天天不应，喊地地无声。我就不该来到这个世上，什么夫妻情感，什么恋情？都是扯淡！唉，睁一只眼闭一只眼，过一天算一天吧。

在我的记忆里，父亲常年在外地做生意，一个月能回来一两次，待几天就走。父亲回来是一家人团聚的日子，白天大家在一起吃饭、说话，相安无事，挺开心的；到了晚上，总能听到爸妈为某事争吵。妈妈爱在我面前数落爸爸的不是，有时激动起来，把爸爸骂个狗血喷头。不知道他们遇到了什么问题？想问怎么回事，妈妈总是说，学习是你的事，大人的事不要管。

他们的关系一直就是这样，时间久了我也慢慢习惯了，后来我考上了大学。有一次在假期里，他俩当着我的面大吵起来，提到了离婚，当时我的心情很糟糕，就对他俩说："别再吵了，要是不能过，你们就离婚吧！从我记事到现在，你们见面就吵，有意思吗？我也长大了，不要考虑我。"其实，说这话是违心的，我何尝不想有个温馨的家？我也多次想缓和他俩的关系，他俩谁也不服谁，谁也不退让，没办法，反正我尽力了，我一会儿也不想待在家里，只想赶快逃离，离开这个充满火药味的家。毕业后，就和女朋友一起去了外地，离他们远一些，图个清静。

在外地工作并不是那么称心如意。刚开始信心十足，对工作很自信，但过了一段时间，工作激情逐渐消退。单位里人与人之间的虚伪、诡诈、拆台，尤其对那些能说会道、强势显摆的同事，我更看不惯，打心眼里感

到厌恶。这种反感厌恶的情绪，我往往控制不住，经常和同事闹意见，这些负面的情绪影响着我，致使我不能专注工作，领导也为此事给我多次调换部门。但过了一段时间，还是有类似的情绪出现，导致工作时常出现差错，每周例会领导总是批评我，我的自尊心受到了很大的伤害。

下班回到住处，本想放松一下，想得到女朋友的理解和安慰，可是她不但不理解我，还埋怨我不关爱她，还时不时地要求我给她点浪漫、惊喜。工作上的事都够我烦的了，哪有心情去搞什么浪漫？

我心累了，（两个月前）干脆辞职回家，什么工作、情感，随它去吧。

绘画回溯·印证

房：水即将漫房，与父母闹离婚相对应。

乌龟在栅栏里拿武器，与他想保护这个家又无能为力相对应。

带两个点的双扇侧门，与携带女友逃离、到外地工作相对应。

树：树身上的棕色圈圈，与他从小到大家庭不和睦，内心受到伤害相对应。

黑色的树冠、枝条，与他和同事闹矛盾、工作屡次受挫相对应。

断断续续的绿色枝条，与他想把工作做好，但不能坚持到底相对应。

人：黑色的人物肖像较大，与他有负面情绪、自负相对应。

一副眼镜有两个不同的展现，透过镜片，一个镜片可以看到眼睛，另一个是空白，这与“我什么都明白，睁一只闭一只眼”相对应。

肩膀宽而方正，与他家庭、工作上的压力过大但又必须担负相对应。

前胸红色的短线条，与他满腔怒火相对应。

翘着小拇指的右手较大，与自以为是、暗暗较劲、瞧不起他人相对应。

左手缩回袖子里，露出一个小拇指，与他做事退缩、矛盾心理相对应。

初步评估：严重心理问题

评估依据：

1. 引起严重心理问题的原因是较为强烈的、对个体威胁较大的现实刺激。内心冲突是常形的，会有不同程度的痛苦体验。

2. 从产生痛苦情绪开始，痛苦情绪间断或不间断地持续时间在两个月以上半年以下。

3. 遭受到的刺激强度越大，反应越强烈。

4. 痛苦情绪不仅能被最初的刺激引起，而且与最初刺激相似、相关的刺激也可引起此类痛苦，即反应对象被泛化。

本案中，来访者的原生家庭给他带来了内心深处的伤害，由于泛化，对工作中的人际关系也采取排斥，导致他认知欠缺，工作中的人际关系处理不好、工作受挫，他为此感到非常痛苦，两个月前辞职。故诊断为严重心理问题。

结束语

来访者因受原生家庭影响，致使内心痛苦不堪、不能自拔。

原生家庭只是一种外在因素，而不是内在。抱怨，就会吸引更多烂事，这是一种错误的认知在引领，人生状态都是由己而造。是沉溺于创伤，还是化创伤为成长契机？选择权一直都在自己手中。

建议来访者修正错误认知，并从行动上强化，把疗愈的本能重新激活，早日走出“受害者思维模式”，直面人生，做一个对自己人生负责的强者。

第二篇

神经症

欲落的霜叶

——抑郁症

一天上午，一位母亲急切地给我打来电话，说："女儿今年 19 岁了，刚上大一，现在休学在家，想给女儿做心理咨询。情况是这样的：她的同学反映说，女儿刚开始在学校还很正常。一个月后，同学发现女儿状态有些不好，问她有什么事，她也不说。一天，同学在女儿的 QQ 空间里发现她有轻生念头，就及时报告给老师，老师担心她出问题，让我把她接回家。回来后，我就带女儿去北京医院检查，检查结果是重度抑郁症。医生建议：到本地做心理治疗。"我给这位母亲预约到下午 3 点。

下午，母女俩准时来到工作室。

该女孩短发，面目清秀，面部没有任何表情，低头不语。正值豆蔻年华，孩子遇到了什么事情能让她呈现这般状态？我把她带到另一间咨询室，先让她画一幅房、树、人的画。

绘画浅析

从整体画面来看，房、树、人都是黑色（除几片枯黄的叶子外），没有一丝生机，来访者背靠大树，心情非常沉重。

房

房子画成黑色（黑色代表阴暗，在此表明压抑），格式房顶（代表家庭教育规范化，或者来访者与父亲之间有隔阂）。房顶的左下端轻笔（代表父亲经常不在家，情感有所淡化）。

房体是由波段性重笔组成（代表来访者对家人有敌对情绪，情绪不稳定），右侧有个侧窗（表明时有逃离家庭的想法）。双扇门是关闭的（是不愿与人沟通），门的中心有一横线（代表来访者有情感问题存在，现仍藕断丝连，有闭锁心理）。

树

树体粗壮（说明树的长势很好，能量足，在此表示来访者聪慧），树体下端外抛（指来访者近期过于懒散），树体上有两处伤疤（经量化后确立，来访者在 8 岁、12 岁左右受负面外界环境影响，伤及内心），树体左侧上端有一处重笔（代表来访者最近因发生一件事情而受到影响）。

树冠的枝条着笔较轻（指学习意识淡薄），枝条下垂（代表能量下流，是指来访者做事的信心不足），树叶枯黄（是树缺少滋养，代表来访者的需求没得到满足），有 1 片枯叶与枝条分离（指来访者有时会产生轻生念头），树的左侧主枝与侧枝较短且尖锐（指言语苛刻，说话带有情绪，易伤人），右侧树冠与树体断开连接（代表学业已经中断）。

画的是人体的侧面图（代表来访者不想正视现实）。人是黑色的（代表抑郁），整个头部重笔（强调头部不舒服），厚重的马尾辫（压力大）飘起来（是找不到自我）。嘴是黑色的，重笔涂描（强调压抑在内心的、又无法用言语来表达的痛苦），无耳（不想听违背自己意愿的语言），无鼻子（没主见）。

想靠着树坐，求得短暂的放松，但人与树之间有空隙，没有支撑点（表明现实中没有人能够帮扶自己）。四肢残缺不全（代表来访者意志消退，已经没有行动力）。

孩子8岁时，我和他生父离异，带孩子回到本地。9岁时她生了一场大病，患红斑狼疮，一直到现在还没痊愈，有时还会复发。生病期间他生父对她不闻不问，这给她的身心造成了很大的伤害。

离婚后，我和她生父分别成立了新的家庭，她的继父很疼爱她。继父带来了一个女儿，她们相处得很好。我这是一个重组家庭，继父的女儿学习成绩非常好，我的女儿也不能落后，所以只有对她严格要求，她才能更优秀。小学阶段她的学习都是班里前三名。

上初中时开始逆反，成绩下滑，她不听我的话，我几乎崩溃了，她扬言要和我断绝关系。没办法，我只好放手，可我有底线：作为一个女孩，必须做好自己的本分，规规矩矩，不能越轨。

高三时她抑郁情绪很重，开始服药。上大一时，老师在QQ空间发现孩子有轻生念头（想跳楼），就把孩子写的文字发给了我。老师建议休学，我知道孩子病情不容乐观，就把她带到北京，现在从北京看病回来已有两个星期了。听亲戚说，您看抑郁症比较好，就过来了。

与来访者母亲交谈后，我开始与来访者单独交流，寻找病因。

你们知道
从小看到父亲因为一丁点矛盾
就打母亲的时候
我多么无助吗

你们知道
我因为生病　中药喝了一年又一年
医院去了一次又一次
可病情就是一直复发
我多么绝望吗

你们知道
家里孩子都在客厅玩耍
而我被凶着回房间学习
耳边传来他们的嬉笑声
我多么羡慕吗

你们知道
我因为犯了一点点错
被母亲拿棍子把屁股打肿后
看到大我两岁的小姨看我的眼神
我多么自卑吗

你们知道
我全心全意地对一个我唯一的朋友

换来的是她的不领情的时候
我多么伤心吗

你们知道
我拿全部精力和性命去赌的一个爱的人
对我说他突然不喜欢的时候
我多么崩溃吗

你们知道
当我被诊断为抑郁症时
我多么恐惧吗
不如一走了之

绘画回溯·印证

房：格子房顶，与继父的教育方式相对应。
墙体多处间断性重笔，树体两处伤疤、一处重笔，均与来访者父母离异、生病、感情受挫相对应。

树：黑色枝条下垂、树叶枯黄并有一片即将坠落的枯叶，与人生灰暗、轻生相对应。

人：来访者坐在树下，背靠树，但人与树之间有空隙，与被她爱的人抛弃相对应。

初步评估：抑郁症

评估依据：

1. 抑郁症以心境低落为主，这种低落与所处环境不符，表现为从闷闷不乐到悲痛欲绝，甚至发生木僵，严重的可出现幻觉、妄想等精神性症状。

2. 病情严重者社会功能受损，给本人造成痛苦或不良后果。

3. 反复出现想死的念头或有自杀、自伤行为。

4. 符合症状标准和严重标准至少持续两周。

5. 可存在某些分裂性症状，但不符合分裂症的诊断。若同时符合分裂症的症状标准，在分裂症状缓解后，满足抑郁症标准至少两周。

本案中，来访者自感人生灰暗，与家人对她非常疼爱所处的环境不符；想跳楼，反复出现自杀念头；不能上学，社会功能严重受损；去医院诊断后已有两周之多。所有这些症状与抑郁症的标准相符，因此诊断为抑郁症。

结束语

来访者自幼没感受到父母的关爱，十多年来，经历了诸多不顺，如父母打架、离异、被男友抛弃等。

母亲重组家庭后，对她的学习要求非常苛刻，继父对她的要求也颇高；来访者身体不佳，至今仍疾病缠身，加之最近男友与她分手等，心里受到严重的创伤，致使她身心疲惫，前景渺茫，找不到人生的快乐，所以产生了轻生念头。

建议来访者做以下治疗：

1. 认知重建，改变思维方式，修正错误理念。

2. 行为矫正，改变其消极观念，走出去，参与各种活动。

3. 交际疗法，寻求友谊支持。

滂沱大雨外来客

——躁狂抑郁症

初夏的一天，雨一直下个不停，道路两旁的积水已有小腿肚那么深，停在路旁的汽车轮胎快被雨水淹没了。雨下了一天还仍然没有丝毫要停下来的意思，从咨询室的窗户往外看，整个城市笼罩在一片滂沱之中。路上仅有的几个行人，打着雨伞、挽起裤子、慢慢蹚水而过。

天渐渐暗了下来，几个同事手拿雨伞，准备提前下班，正要走时，一个小伙子出现在咨询室的门前。他手拿雨伞，但因雨下得过大，全身还是被淋得透湿。我和几个同事看到冒雨赶来的外来客，慌忙招呼他进来。小伙子进屋就直视着我，说："您就是刘冰老师吧，我在网上看到过您的照片，特地从外地赶过来。"

"是的。"我边回答，边拿条毛巾递过去。

"终于找到您了。"小伙子如释重负般地放松下来。

因天色已晚，我帮他安排了住处，叮嘱他好好休息，明天上午我们在工作室见。

第二天早上，他早早地来到工作室。这孩子白白净净，对人很有礼貌，也许他压抑太久，急需倾诉，刚坐下，就开始滔滔不绝地讲起来：

老师，我失恋了。我的女朋友叫夏欣，我们相恋5年。两个月前她留了字条就离开了我，我很痛苦。因为我从没有想过她会离开我，我们相恋以来，她一直很包容我，温柔善良，对我和母亲都很好。由于我脾气不太好，有时会情绪化，她也从来没有嫌弃过我，我觉得我们一直相处地都非常融洽，实在想不通，到底她为什么突然就离开了我。现在她把我和母亲的微信都拉黑了，电话也不接。我和母亲去她家找她，她拒而不见。老师，我现在每天都过得很煎熬，整夜整夜地睡不着，也无心工作，最近，

我和母亲的关系也很僵化。老师，我该怎么办？我还能不能挽回她？

对于他的询问，我没直接回答。反问他：你愿意画一幅画吗？一幅有房子有树还有人的画？他点了点头。

绘画浅析

这幅画，他用了十多分钟的时间。画面看起来有些凌乱，画中的元素很多，而且铺满了整个纸面，描绘的是一场暴风雨来临前的家的画面。

全透视的房 · 无魂魄的人偶

房

他画的房子是卧室（强调私生活），房是全透视的（表明来访者的思维处可能处在正常与非正常的边缘）。每一面墙壁的连接处都有断裂（代表恐惧、不安全感，是来访者原生家庭留给他潜意识的记忆），家具及人的一部分都被地基线切割（代表恋情的不确定性），没门（代表来访者的思维过于固化，对爱的执着）。

人

虽然房没门，但挡不住房间里两个人的脚步，他们正在穿墙而过，试图走出这个房间。

这两个人像在房间内游走，仿佛是两个没有魂魄的人偶。女孩面带微笑，走在男孩的前面；男孩像在睡梦中，似醒非醒，跟在女孩后边，双目直视，看似微笑，但头发竖立（表示男孩带有恐惧），身不由己地随女孩前行，他们要从这个房子里走出去（表明他俩的恋情即将结束）。

树

这棵树的树干不算太粗壮，表面有很多裂痕（代表来访者在成长过程中因外界环境影响，内心受到不同程度的伤害）。树体左侧下端有重笔，且与根部断开连接，右侧根部外露（表明幼年受过重大伤害，严重缺乏安全感）。树体左上端连接不紧密（经量化，来访者二十四岁左右受过某事的伤害）。

树冠不完整、树叶处于散乱状态（代表情绪不稳、思虑过多），仔细察看树叶有很多被虫子咬过的痕迹，呈锯齿状，还有一些叶子已屈卷起来（是来访者自身缺少足够的能量）。

图画中乌云压顶，狂风暴雨即将来临，一只孤单的小鸟（小鸟代表女方）急急忙忙、用尽全身心的力量向前飞翔，要找一个宿身之地，它看到不远处有一棵树，看似高大，也许是个不错的落脚地。飞到近前仔细观察，发现这棵大树并不太理想，此树虽不理想，但饥不择食、困不挑床，先借居一段时间，躲避风雨也蛮好的。

我从小生长在一个单亲家庭，和妈妈相依为命。我并不喜欢妈妈。在

我3岁多的时候，爸妈经常吵架甚至动手，妈妈的脾气很大，吵架的样子很凶。每次吵架，她会躺在地上打滚、吼叫，还会用头撞墙。每当这个时候我就非常害怕，蜷缩在墙角，也不敢哭，只能呆呆地看着发生的这一切。直到邻居们听到声响赶过来劝架，他们才会暂时停止吵闹。再后来爸妈离婚了，我被判给了妈妈。从此，我成了妈妈发泄情绪的靶子。

在我的记忆里，只要我惹她不高兴，她就会使劲抽我的脸，直到鼻子被打出血来她才会罢休。每当这个时候我就会控制不住地大哭起来，那种恐惧和疼痛直到现在都还清晰地储存在我的脑海中。

小学期间，我不知道怎样与小伙伴相处，经常与他们发生冲突。小学二年级时，我跟一个同学打架，本来是对方先欺负我的，妈妈知道后，不闻不问，把我狠狠揍了一顿。当时的我觉得很委屈，也从那时开始，我觉得妈妈根本不爱我。加上与同学们相处不好，大家都不喜欢和我在一起玩。感觉自己越来越孤单。对于身边的人和事慢慢也都有了敌对心理。

再后来，我考上了大学，离开了妈妈。在平静惬意的大学生活中，我突然意识到自己脑海中总是出现一些奇怪的与众不同的想法。在行为上，我也开始从同学们异样的眼光中感受到自己的不同。同宿舍的人说我有时沉默得让人恐惧，有时候一说起话又停不下来，他们开玩笑地说我是“独立特性”的人。

大学毕业后到南方，认识了一位叫夏欣的姑娘，是在饭店认识的，当时她是个服务员，她家境很不好，父母都有病，她长相一般，脾气特好。我们很谈得来，后来我又帮她找了不错的工作，经济上我经常周济她，并帮她找医生治好了她母亲的病。在我们相处之间，她很关心我。相恋后我们在一起的日子很快乐，很幸福。尽管我很爱她，可是我会经常因一点小事掌控不住自己，冲她发脾气，我知道她虽然很委屈，但还是尽量迁就我、关爱我。她突然失踪，只留下一张字条，说让我不要找她，她已有男朋友了，并且决意与我分手。

这件事对我来说犹如晴天霹雳，我很震惊、很难过。她走两个月多了，我每时每刻都在思念着她，非常痛苦。我现在好后悔、很自责！后悔自己不该向她乱发脾气，自责是我逼走了她。我真的不是故意的，是控制不住自己，我是真心爱她的，我不想失去她！

我这种心理状态，认为源头在我妈妈那儿。从小，她就动不动向我发脾气，这种性情影响了我；在我和夏欣谈恋爱期间，她不止一次地当着夏欣的面和我大吵。我真的很恨妈妈，每次与妈妈吵架时，我那暴躁的心情难以自制，但我不能打她，又不能和她对骂，心里很憋屈，只能咬自己的胳膊来发泄。妈妈看到我的举动，她不但不消气收敛，还做出和我相同的动作。有一次，我实在受不了她的发狂，便狠狠地在自己胳膊上咬下一块肉，当时我真想拿棍子抽死她。

现在我经常头痛、头晕，吃不下饭、睡不着觉。即使勉强睡着了，也会很快被噩梦惊醒，常常感到恐惧，致使我不敢坐飞机，害怕坐上飞机就会被摔死，内心不仅充满了恐惧，也充斥着悔恨和自责。失去夏欣的痛，超出我以往任何时候的痛苦。她是个好姑娘，可能受不了我带给她的伤害才离开我的。

绘画回溯·印证

房： 来访者与女友的关系处于不稳定状态，与画中家具及人的一部分被地基线切割相对应。

他不想与女友分开，与房子没门相对应。

树： 来访者父母离异使他产生恐惧、不安全感，与墙壁的连接处、左侧树根断开连接相对应。

他的过激行为、不稳情绪，与树冠上的锯齿般的树叶相对应。

他的整个成长过程，与树体表面裂痕相对应。

人： 女友与来访者分手，与画中的女士在前、男士在后，相继走出房间相对应。

初步评估：躁狂抑郁症

躁狂抑郁症是以情感活动过分高涨或低落为基本症状的精神疾病。其临床表现为单相或双相发作性的躁狂状态或抑郁状态反复出现，仅仅出现一种情感障碍表现或高涨或低落，称之为单相；而当躁狂、抑郁表现相继出现时，则称之为双相。

本案中，来访者的情绪难以控制，遇事自残（与妈妈发生冲突时，对骂、将胳膊上的肉咬掉），有时沉默不语、痛哭流涕，有时又滔滔不绝，

躁狂、抑郁的症状相继出现，故诊断为躁狂抑郁症。

通过几天的心理疏导与治疗，来访者的认知有了很大的转变。临走前，他又画了一幅画。

绘画浅析

房在树中（代表成就自我，只有自己成长了，家自然就有了），有门有窗（指家在心目中的完整性，并愿意与外界沟通）。

树干粗壮（能量很足，有自信），树上结有红色的果实（指来访者找到了目标）。人站在树下，面带微笑（代表突破自我，涅槃重生）。

来访者独白：

老师，我明白了，打铁还需自身硬。我相信自己，人生就是大舞台，一切顺其自然。梦中的情缘是一种幻，来者尽其在我，去者尽其在人，做好当下，一切 OK！

结束语

来访者因受原生家庭的影响，从没感受到家人的关爱，因此产生自卑、恐惧心理，情绪多有波动，思维固化。

为早日走出失恋的阴影，建议来访者深度剖析自我，进行认知重建。只有明白了女友不是生活的全部，自己需要做的事情还很多，要寻找自己的擅长，才能专注做好自己的事业，展现自我价值，与内在小孩一同成长，长好梧桐树，引得凤凰来。同时最好删除有关前女友的所有信息及联系方式，减少来访者触景生情的机会，避免昨日重现。

苦于不能自拔的女生

——反应性抑郁症

吴茵是我去年九月份接待的一个来访者。记忆非常深刻，她因重度抑郁，全天跟随我，四个多月，病愈归校，今年顺利考上理想的大学。

记得那是去年九月中旬的一天，我接到一个家长电话，是咨询孩子问题的："我家孩子刚上高三，开学半月了，只去学校两天，就再也不想上学了；在家里整天不说话，不想见人；一说她，就抹眼泪，我们说也不是，不说也不是。前两天她还说'生不如死，活着没意思'的话，出现这种情况，让我们很担心。老师，我想带她来咨询一下，提前给您预约。"

到了约定时间，父母带着女儿来到工作室。女孩中等个，微胖，表情木讷，默默无语。其父拿出省医院给孩子开具的心理测量诊断结果，诊断书上清晰地写着：吴茵，重度抑郁症。

女孩父母急着要诉说孩子的基本情况，我制止了他们，说："你们看到的只是一些表象，导致孩子出现这种症状的真正原因你们并不一定清楚。这样吧，我让她做个绘画测试，看看她的病因在哪儿？她是怎么想的，真正的需求是什么？我来解读孩子现在的症状以及她内心世界，若你们认为我说的对，咱们再讨论下一步的治疗方案。"她父母双方都表示赞同。

我带着吴茵进了咨询室，关上门。当我示意她坐下时，她突然出现了一种异常行为，两手捂住耳朵，大声喊叫："外面声音太大了，我受不了，他们都在说我！"她的双眼呈现出一种极其恐慌的状态。

其实，咨询室的隔音效果是很好的，其他老师在办公，她爸爸坐在外面翻看手机，妈妈和老师在轻声交流。她为何如此恐慌，说外面有很大声音呢？她出现了幻听？

我走上前去，抱住慌乱中的吴茵：“孩子别怕！有老师陪着你……”在我不停地安抚下，她渐渐安静下来，我让她画了一幅房、树、人的画。

绘画浅析

整幅画的基调色彩是粉红色（粉红色代表温馨），显示了来访者的意愿：渴求得到关爱。

房

房子画在纸的左上角，在图中占的比例很小（表明来访者对家的情感淡化），此房属于半透视房（说明来访者在精神方面可能出现了问题）。房内左侧画有一张床，清晰可见（代表来访者身心疲惫，躺在床上不想动弹），没有门（是封闭自我，不愿和任何人交流），窗户很大（想观望外面世界，又不想走出去，属于矛盾心理）。

房顶是三角形的，房顶下侧的两个顶点有重笔（代表父亲与家人沟通时，语气生硬，让人很难接受），房顶左侧下拉（表示父亲在家管事过多）。

树

树是雪松（雪松的特点是坚韧、不畏严寒，在此代表来访者性格倔强）。

树体粗壮（树的能量足，指来访者聪明），树冠呈锯齿状（代表来访者情绪波动过大，是散发性思维产生的焦虑情绪）。树冠左大右小（左边代表未来，右边代表当下，指来访者对未来的考虑多于当下）。

树体底端左、右侧长短不一，左侧有部分缺失（表示幼年有爱的缺失），树周围用土堆加固（表明来访者有恐惧心理，想找到安全感）。

人

人画得很大（表明来访者较为孤傲）。头部上半部分缺失，用头发做修饰遮掩（可能是头部出现了问题，比如有头疼、头晕、意识层面不清晰、记忆力减退等现象）。眼睛大而无神（眼睛睁得大是想看清楚，无神是渺茫），睫毛呈缕状（受到过惊吓，恍惚、强打精神），鼻孔外抛（呼吸不畅，向外寻求），嘴稍向左偏移，嘴没张开，嘴角上翘（指来访者藐视他人，不想说话，看似微笑，其实是戴着面具做人），没耳朵（不想听到任何声音）。

脖子粗而僵硬（做事不灵活），肩呈方形（压力大，勉强支撑），有臂无手（行动力不足），人的右侧过于轻笔（说明来访者有生理性不适）。

现在我就不想去学校，他们天天逼我去。我不想出门，睡不着觉，总想哭，感觉没人能理解我，有时不想活，真不如死了算了。

小时候，记忆中的爸爸总爱喝酒、打人，爸妈总是吵架、打架，甚至为了一丁点的事都能吵起来。他们吵架时面目表情十分恐怖，摔东西的情景及各种各样难听的话语常在我脑海中闪现，使我难以忘怀。我讨厌他们！他们还闹过很多次离婚，我和哥哥一直在忐忑不安中长大。从心里讲，我真怕失去这个家。对于爸爸，我从没敬佩过，因为他总是压制人，我是压而不服的。

爸爸总是教育我“好好学习，别跟学习不好的同学玩，多跟学习好的玩”，总是拿我跟哥哥、跟别人比较，好像我处处都不如哥哥，爸妈眼中的哥哥始终是最棒的。我感觉自己在父母心中没有地位，只有自己学习好了，爸妈才高兴，我才能在家立足，所以必须拼命学习。从一年级到八年级，我一直是班里前几名的学生，在学习上我愿意比别人付出更多，因为我想得到父母的重视。

九年级时，爸爸为了我能在中招考出好成绩，让我转入了市里一所中学的宏志班。班里有很多比我学习好的同学，我不甘落后，晚上经常学习到十一二点，有时考得不好会躲在被窝里哭，老师找我谈话，我只会哭，感到压力很大。尽管我付出最大努力，还是以5分之差没考上市一高。我感到心累，感到自卑，爸爸让我上了市里一所普通高中。高一时，我告诉爸爸想回县城上学，县高中的教学质量也很高，而且在那里我有很多好朋友，但是爸爸因为学籍的问题没让我回去。在高二时，我已有三四次都不想上了，认为那个学校不好，觉得自己在这个学校上学，不会有什么前途。现在的我跟以前大不一样，以前我开朗、爱说爱笑、喜欢学习；现在我很自卑、恐慌，一点儿也不开心，我不知道自己活着到底是为了什么？我觉得自己不再优秀，不再有资格待在父母身边，我讨厌伪装的快乐，我真的好累啊……

绘画回溯 · 印证

房：来访者认为家人对自己不理解，不想与他们沟通，也不想与外人交流，封闭自我，这与她画的房子无门相对应。

她感到人生没有意义，心灰意冷，身心疲惫，与房内画的床相对应。

树：父亲总是拿她和哥哥及别人比较，开口闭口谈成绩，导致她出现情绪波动，这与锯齿状树冠相对应。

爸妈眼中的哥哥始终是最棒的，来访者与哥哥相比，感觉自己

在父母心中没有地位，这与树体底端左侧有部分缺失相对应。父母长期争吵、闹离婚，她害怕失去这个家，严重缺乏安全感，这与树周围用土堆加固相对应。

人： 她出现头疼、头晕、幻听、懒床，与头部画的不完整、躯体右侧出现过度轻笔现象相对应。

初步评估：反应性抑郁症

反应性抑郁症的主要表现：多愁善感，情绪极端消沉、沮丧、忧郁，有时也会产生焦虑、紧张情绪，不愿主动接近别人或主动做事，终日沉湎于自己的创伤性体验之中而不能自拔。凡是与精神刺激因素有联系的情境，都能引起患者的情绪反应，即使时过境迁，仍然会触景生情。

本案中，来访者不想去学校，不想出门，睡不着觉，总想哭，感觉没人能理解她，有时不想活，真不如死了算了。她的表现与反应性抑郁症的症状相符，故诊断为反应性抑郁症。

经过两个月的心理治疗，来访者的抑郁症状有了明显改善，改变了原有的错误认知，主动向爸爸吐露埋藏已久的心声，压抑已久的情绪得到了释放，并找到了近期具体目标，提升了学习内动力，表示愿意回学校继续学习。

下面是她两个月后画的第二幅图。

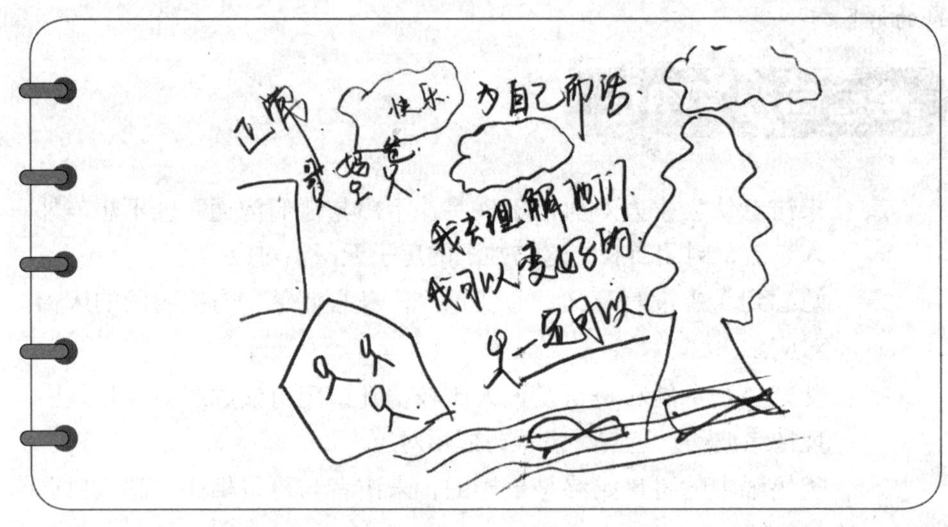

绘画浅析

在画的上方，左上角有“正常”二字，正常的“常”字，竖拉得很长，指向三个人——哥哥、妈妈、爸爸。爸妈上方有一块写着“快乐”字样的云彩（云彩代表情绪，意思是说，家人都正常并快乐着，而她却没感受到快乐，对家人还存有一定的成见）。

“为自己而活”下面是一朵白云（白云代表自己，信心不足；为自己而活，是一种情绪的流露），再往下有两行字“我去理解他们，我可以变好的”（表明来访者在认知上有了变化，尝试去理解家人）。房子里有三个人同步前行，房子后面有一个简笔画人大踏步行进，在简笔画人后面有“一定可以”四个字（代表对自己有信心，她是一个有个性、有上进心、内心不服输的女孩）。

画的右边有一棵大树，树下有水（代表得到滋养，即父母的关爱），小河里有两只鱼儿在畅游（代表兄妹俩自由、快乐）。

四个月后画的第三幅画：

从第三幅画来看，比第二幅又有了更大改变。家庭里，她得到了关爱，安全感明显增加。她与朋友在一起很开心，接纳了自己，也接纳了别人。

房

房子画的是楼房，有门有窗，门大居中。整幢楼的色彩是绿色（绿色代表希望），门虽大，但不是谁都可以进出自由，而是有选择地接纳。

树

树的着色浅（指对自我有了初步认识）。

树体粗壮，树冠不是太大（说明学习压力不大），树冠的右侧比左侧大（注重当下），树根扎得很深（有安全感）。

人

画中有一绿色月牙（月牙代表晚上，指上夜自习），两个人满面笑容，手拉手，充满活力，非常自信地前行。

结束语

经过四个多月的心理治疗，来访者改变了错误认知，与家人、同学沟通顺畅，从抑郁的阴影中走了出来。

心态决定成败，她的学习成绩稳步上升，今年已迈入理想大学。

掌控不住的想法

——强迫联想

不到上班时间，我就早早地来到工作室，等待一位预约的来访者。

到了约定时间，一个四十多岁的女士如约而至。她一边和我打招呼，一边不时地回头看看，不多一会儿，一个十三四岁的女孩慢悠悠地走进来，女孩低着头径直走到她母亲身边。母亲对女孩说："昭洁，来见老师。"叫昭洁的女孩抬头看了我一眼，算是给我打了招呼。昭洁个子不高，瘦瘦的，皮肤白净，一双不大的眼睛带有一丝忧郁、紧张和羞涩。看得出，昭洁是个善良、胆小、内向的孩子。

一种爱怜不由得让我走近她，俯下身轻声说："孩子，不要怕，你来配合老师做个绘画测试，好吗？"昭洁看了看她妈妈，随我进了咨询室。

绘画浅析

房、树、人画在纸的下半部分，表明来访者缺乏自信。

房

房子整体属于粉色（粉色属于暖色调，代表温馨）。房顶的烟囱呈封闭状（指情绪压抑），烟囱上方有两朵粉色的云状烟雾（代表情绪不稳定）。正面有个单窗（能感受到父母一方的关爱），侧面墙上有扇窗（对爱的感受不舒服，有时又想逃离，存在矛盾心理），门是关闭的（不愿与家人及外界沟通交流）。

房子两旁有两个标杆（代表家人对她的要求，和她处世的行为规则）。

树

绿色的树（表明来访者积极要求上进），树上有 5 个红色的果实（果实代表理想）。树冠过大，树身短，呈绿色（指学习有一定的压力），右侧树冠稍大，笔墨重（指注重当下的学习状态），有一枝条下垂（是指学习成绩下滑）；左侧树冠小，下笔轻（对未来有想法，但不确定）。树冠与树体断开连接（表明来访者不愿走进学校）。左侧树冠小，下笔轻（对未来有想法，但不确定）。

人

人用灰黑色绘成（指来访者处于抑郁状态，烦闷、不开心）。头大身子小（压力大）。两眼稍有斜视（注意力不集中，喜欢猜测），没有耳朵（不想听），鼻子呈“Z”字形（自以为是，要求美感）。嘴角上翘，看似在笑，但表现出来的是牵强（戴着面具做人）。

双臂微微向前伸展，两手张开，两只脚上的鞋子很大、很沉重（表明来访者想做事，不知怎么做，行动力差）。

身体上的梯子形状图案是在体内的，不是服饰上的点缀（代表本人的能力满足不了家人对自己的需求，感觉很累）

半个月前学校抽考，我考砸了，由班级前五到班级后十，感到很丢人，我怎么也想不到能考这么差。

最近不知为什么，我总是感到有种无形的压力，具体压力源在哪，我也说不清。总之，上课老走神，脑子里总是有很多挥之不去的想法，比如看到刀就会想：我会不会拿它杀人？在学校吃饭，我也会想，我会不会跑到学校厨房偷偷下毒？其实我明知道自己不会这么做，但又控制不住这样想。有时候，我会一个人偷偷地哭，不知道怎么办，也不敢跟家里人说，就上网查，网上说这是心理病，很难治愈，我好害怕，就想拿刀划自己的胳膊。

老师，我还能治好吗？要是治不好，姐姐咋办？她得了脑瘫不能自理。妈妈总是说："你要好好学习，将来还得指望你照顾姐姐呢。"他们给我起名昭洁（照姐）就是这个意思，我明白家人的用心，所以我一直很努力学习，希望以后能考上好大学，有一份好工作。但我越是这样想，越静不下心，导致成绩下滑得这么厉害。

这几天我感到身体不舒服，不想去学校，妈妈向学校请了假，带我前来做咨询。

说着说着，情绪有些激动，她开始抽泣起来。

绘画回溯·印证

房：来访者的家庭是充满爱意的，父母对她十分关爱，与画的粉红色的房子相对应。

来访者有负面情绪，与烟囱里冒出粉色的烟相对应。

父母对她期望值过高，她也不愿辜负父母对自己的期望，严格要求自己，这与双重标尺相对应。

树：来访者感觉压力大，与树冠过大、树身过短相对应。

现在想好好学习，但静不下心来，导致学习成绩下滑，感到心灰意冷，这与一枝条下垂相对应。

近日请假不去学校，和右侧树冠与树体断开连接相对应。

人： 她对自己要求很高，认为只有学习好了才有能力照顾姐姐，这与体内梯子相对应。

初步评估：强迫联想

强迫联想是强迫症的类型之一，是自我压抑与本能冲动的两种力量相互冲突而产生的外在表现。患者对所见所闻的某一事物，总是立刻联想到相似或相对立的事物，如看到影视剧中人物被害，就不由自主地联想到自己也有被害的危险，或自己将要行凶等。明知没必要去想，但是控制不了，从而导致焦虑、紧张和恐惧。

本案中，来访者时常出现看到刀，会联想到她会不会杀人；在校吃饭，会想自己会不会下毒等，她明知道自己不会这么做，但又控制不住这样想。这些现象与强迫联想的症状相符，故诊断为强迫联想。

昭洁第二次来的时候，主动要求再画一幅画。

与第一幅画对比，第二幅画有了明显的改变。

房子有原来的一正一侧两个窗户，变成了两个正窗；两边的标杆去掉了，即家庭对来访者和她自我制定的标尺没有了，代表她强迫联想的源头已经消散。

树冠用笔简单，果实由原来的 5 个变成 3 个，说明来访者的散发性思维逐步消减，注意力趋向专注。

人物用笔颜色由原来的灰黑色变成了海蓝色，头上的马尾辫变成了披肩发，说明来访者内心的焦虑、紧张感减轻了。人物衣服上出现了三个圆形的装饰，替代了内在的梯子形状图案，说明她把家人对她的期望值淡化了，逐步自我修复。

面带微笑，眼睛虽然还有些斜视，从眯成一条线来看，是发自内心的愉悦。

另外画中多了两片不规则的云，透露出来访者向往着一种美好和自由。

结束语

本案中，由于来访者自身要求完美，家人又对她的期望过高，她也不愿辜负父母的期望，强迫自己努力学习，不堪的负重心理引起她的恐慌、焦虑，形成了强迫联想（强迫联想是由人格基础与心理、社会因素结合而造成的）。

外因是条件，内因是根本。只有内心强大，找到真正的自己，不要超负荷地承担责任，量力而行，才能心态平和，找到生活的乐趣。

来访者经过几次咨询，意识到自己的不足，改变了原有的错误认知，从强迫状态中逐步解脱出来。

爱是最好的疗伤

——惊恐障碍

周一上午十点左右，一对五十岁上下的中年夫妇带着一个漂亮女孩走进咨询室，直接找到我，说："刘老师，这孩子是我女儿的大学同学，叫梦婷，她家在外地。听女儿讲：住校期间，她晚上经常尖叫，眼睛睁得很大，浑身打哆嗦，呈恐惧状；有时会突然捂着耳朵，从床上坐起来大哭，严重影响了寝室同学的休息，换了几个寝室，还是这样。我女儿是她班的班长，女儿将此事告诉了我，我们两口子感觉这孩子挺可怜的，就决定让她在我家住一段时间，看看换个环境会不会好一些。刚来那几天也没什么，就是话少，后来，我也发现了她的这种异常行为，心里很害怕，我们也不知道怎么办，就带她来您这里看看。"

工作室的白老师拿出纸和笔，让梦婷画一幅房、树、人的画，测试一下心理现状。

绘画浅析

房

房是用灰黑色笔绘成（灰黑色代表压抑、沉重），房顶右侧与房体断开连接（代表父母离异），房体左侧、底部重笔（强调家的稳固性）。

单窗小且位置较高（阳光不充足，指来访者在家感受不到温暖），单扇门关闭（不愿与外界沟通，封闭自我）。烟囱过长（有性欲望），烟囱被封了口（是不愿与家人交流，心里有怨言），仍有一串烟雾冒出（有时会控制不住情绪的流露）。

树

树干粗而直（代表来访者聪明），树冠不大（树冠一般代表事业或学习，此处指学习对她来说，没有压力），呈绿色的竖条纹（是外界环境对她的强化，使她形成了一种“必须好好学习”的惯性思维）。

树干表皮粗糙、斜条状裂痕（是指外界环境对她的伤害），树干下端有重笔（代表来访者幼年受过伤害），没有地平线（有恐惧心理）。

人

人画得很小（代表非常自卑），整体黑色（处于抑郁状态）。头发用蝴蝶结扎成两束（要求完美），头大、脖子细、身子小（有超负荷的压力，在努力寻找一种支撑）。两只眼睛画得很大，有眼珠，眼眶只画了一大半（被泪水浸没，有很多委屈），嘴巴上扬（代表牵强的笑，内心深处有很多苦衷无法表达）。

左手拿着一束花（表明来访者需要爱的滋养），人朝前走，脸却面朝后，身边有三条鱼纹线（指来访者决然离开家，应该是一种摆脱，但那些忘不掉、赶不走、控制不了的负面事情，仍纠缠于她，还有一丝亲情的牵挂）。

听完画的解读，她那毫无表情的脸上有了些许变化，开始诉说她的过去。

大概在我三岁的时候父母离婚，妈妈把我送到姥姥家抚养，偶尔也会在舅舅家住一段。大人们常拿我开玩笑，说我是没人要的孩子。看到别人家的小孩有爸爸妈妈陪着，而我没有见过爸爸，妈妈也是很长时间才能见一次。我问姥姥和舅舅，他们什么都不告诉我，说这里就是你的家，你太小，长大就知道了。从那时起，就认为爸妈不要我了，我是一个多余的孩子；我没有家，没有父母，是寄养在姥姥家的孤儿，无依无靠。在姥姥家我很自卑，因为舅舅家的孩子总是欺负我。大约到了六七岁，妈妈才把我从姥姥家接走。看到妈妈，像陌生人一样，没有一点亲近感，想跟她走又害怕被她带走，我就躲到一边哭，最后还是跟她离开了姥姥家。

来到妈妈身边，开始了新的生活。后来才知道，妈妈和爸爸离婚后又结了婚，继父有一个女儿，长我 10 岁，现在我们在一起生活。

记得第一次见继父，不知道他是谁，妈妈从来没有跟我说过，他对我不冷不热，在这样的环境里，我很不适应。我没上过幼儿园，直接上的小学；我不会说普通话，有浓重的农村口音，常被同学讥笑，不敢和同学说话，老师提问题更不敢站起来回答，感觉自己很孤单。

一年级期中考试，数学考了 88 分，没有达到妈妈一百分的期望，她就把我推出门外，说我不给她争气，还说让我走，不再要我了，瞪我的眼神特凶，本来她就严肃，吵骂时更可怕了。不知道什么原因，妈妈的脾气很不好，一点点小事，她都会打我，有时拧，有时掐，有时扇耳光，吵骂都是家常便饭。继父在家，她也会照打不误；他和姐姐看着我挨打，仍若无其事地在旁边看电视、嗑瓜子。继父带来的姐姐，老是欺负我，时常用白眼翻我，用手指头戳我的头，嘴里还骂着；有时还让我为她做这做那，跑腿的活都是我做。我不敢给妈妈说，更不敢告诉继父，我自己就偷偷地哭。有时我想回姥姥家，因表姐表哥也欺负我，我不敢回去。

只有与书为伴，在看书的时候，我才会忘掉这一切。从书上我知道了家是温暖的港湾，父母是孩子的靠山，可我从来没有体验过这种感觉，对他们没有好感，只有怨恨。

我把自己封闭伪装起来，不让别人看到我的悲伤和压抑，装作平静没事的样子，其实自己很清楚，我内心孤独、疲惫、无依靠。最大的心愿就是将来考上大学，远离他们，摆脱他们对我的伤害、压制。在学习上我是更加努力，拼命把成绩维持在全年级前十名。

最终我如愿考上了大学，我终于自由了，带着美好的愿望，开始了新的生活。进入大学后才发现，我不知道怎么和别人相处，导致我与室友的关系、同学的关系很不好，心情状况好像又回到了从前。自卑、胆怯让我无所适从，晚上经常做噩梦，常常在半夜里被噩梦惊醒；有时大喊大叫，有时哭醒，控制不住自己。老师，我太痛苦了，我不想这样，我不知道该怎么办？

女孩撕心裂肺地痛哭起来……

绘画回溯·印证

房： 房子整体黑灰色，与来访者妈妈的离异、重建家庭及教育方式不当相对应。

树： 树冠枝条统一向左倾斜、条理清晰，与妈妈对她学习过分要求、强化相对应。

树干斜条状裂痕，与父母离异、妈妈对她学习的过分要求，给她内心造成的伤害相对应。

树体下端重笔、无地平线，与自幼寄养在姥姥家、缺失归属感相对应。

人： 人画成黑色，头大身子小，与来访者压抑、自卑、抑郁相对应。

头与身体的方向不一致，加之身旁三条黑色鱼尾线，与来访者离开家、对家的追忆与牵绊相对应。

初步评估：惊恐障碍

惊恐障碍是指个体突然感到强烈的恐惧、紧张，或预感到有不好的事情将要发生。惊恐发作前没有特定的诱发事件，发作之后逐渐消退。有时出现更严重的、经常性的发作。

惊恐障碍的患者会在认知、情绪和生理上都有所表现。认知上，有濒死感和失控感；情绪上，被强烈的疑虑、恐惧击溃；生理上，可表现出急性应激反应。

本案例中，梦婷惊恐发作非常突然，通常在晚上睡觉后，发作时自己控制不住，很恐惧，一个月发生了好几次，这些与惊恐障碍的表现相符，故诊断为惊恐障碍。

结束语

本案中，来访者父母离异、母亲重组家庭等事件，使成长中的她亲历了痛苦的情感体验，这些情感体验给她造成了精神上的伤害，是她一切痛苦的根源。

针对本案，用心理学的治疗方法，如精神分析、认知行为、支持、意象疗法等，使她逐步认识到：原生家庭无论好坏，都无法选择，它只是一种外在因素，只有学会接纳、理解、感恩、宽容，才能从痛苦的阴影中走出来，快乐体验人生。

后记

四个月后，梦婷从学校给我发来一封邮件：

刘老师好！经过四个多月的心理治疗，我从抑郁、恐惧中走了出来，学会了接纳，不但接纳了同学，接纳了自己，还接纳了曾给我带来伤害的家人。若不是家人的资助，就没有我现在的学习环境。我不再用消极的人生态度去认识世界，而是用一个崭新的视角看待这个世界。也许我以后的人生路不会一帆风顺，但我觉得世界之大、生活美好，我应该为这份美好去努力、去改变、去争取。假期里，计划和同学一起旅游，走出去看看外边的世界。对于过去，用另一个角度开始理解父母的不容易。

前段时间回去看望了妈妈和继父，很有感慨：他们老了。妈妈不再是过去那个咄咄逼人的母亲，曾经一脸的严肃有了些许的温柔和慈爱。她说她的思想开始发生转变，看开了很多事情，感觉以前对我太苛刻了，有点对不住我。妈妈从没有过的弱势和内疚，让我一下子轻松释怀了，那些深埋的仇恨莫名地逐渐软化、淡化了。希望妈妈能在晚年健康、快乐、幸福！继父也是。

关于未来，我不会有太多不切实际的梦想，有一个比较明确的目标：继续考研，在学业上画一个完整的句号。

最后真诚地感谢咨询室的各位老师对我的帮助！

梦婷敬上

我是男人，我想撑起来

——环性心境障碍

一天下午，工作室接待了一对夫妻。妻子笑眯眯地走在丈夫的前边，丈夫，高高的个子，面目表情木然。

我问："你俩谁做咨询？"丈夫指着妻子说："给她做。"

妻子瞟了丈夫一眼，笑了笑说："他在精神病院已住了两个多月，刚出院不久，这次是去精神病院拿药，顺便来咨询一下。"

我会意，就让男方去了另一间咨询室，画一幅房、树、人的画，做个测试。

绘画浅析

房

房子轮廓用黑色线条勾勒，再用黄色涂描而成（黑色代表压抑，黄色代表财富。来访者想帮家致富，但有压力）。

阴户门（代表来访者有女子化气质），两扇门是关闭的（夫妻沟通不畅）。两个正窗、一个侧窗（代表来访者想尽快走出去、探索外面世界）。

树

树是绿色的（绿色代表生机，表明来访者有上进心），树干纤细（能量不足，也可以说来访者的能力有限），树干有两处重笔（经量化，来访者大约在 3 岁、6 岁左右受到过惊吓）。树干上端有新发枝条（指工作上有新的想法），树冠过大（指来访者的思想压力大），树冠由曲线填充（代表情绪不稳），树冠右侧与树体断开连接（指工作中断）。

人

人是用蓝色笔描绘，头部有重笔（一般代表来访者头部不适，比如出现头疼、失眠等现象），头顶厚实（代表沉重），发丝线条短且有重笔（是考虑问题多，但不全面）。

眼珠上瞟、眼睛一高一低（自以为是，自认为很聪明），有鼻子（有自己的想法），嘴呈点状（生闷气，不想说话）。左右耳大小不一，左耳涂实（不想听违背自己意愿的信息），右耳张开（想听自己需求的信息），没有脖子（很难支撑多方面的负面信息）。

左肩下滑（扛不住压力），右臂抬起（还在努力支撑），胳膊向前伸，双手张开（表明来访者想抓住机遇）。

上身多处重笔线条（内心充满矛盾），腿向前迈，头向后转（犹豫不决，不知何去何从）。

他今年 31 岁，性格内向，就像个女人。他胆子很小，天一黑就不敢

出门。晚上在外打牌或与朋友在一起吃饭，我必须得去接他，否则他不敢回家。听婆婆说，在他三岁时，有一次家人去地里干活，他一人在家玩，不小心掉到了地窖里，地窖里很黑，他很害怕，就一直哭，等家人回来才把他弄上来。从此，晚上他经常夜哭，婆婆找人给他叫魂，才稍微好了一些。至今他仍然怕黑。

他考虑问题比较简单，不知足，事事与别人比较，想挣更多的钱。本来我家的小生意做得挺好，可他不知足，他听说上海的生意比较好干，就不假思索，带着我和孩子去上海接管了别人的一个小厂。由于经营不善，别人拖欠厂里的资金不能到位，工人工资发不下来；我丈夫就领着工人跑到欠账的单位要账，他们就以扰乱工作为由报警，丈夫被当地派出所拘留了几天，被放出来后，整个人就变了样，有时大喊大叫，说要什么必须立即去满足他的要求。他脑子不受控制，神情恍惚，无奈之下，就把他送到精神病院诊治，诊断结果是躁狂发作。在精神病院住院治疗期间，多次电击，他说，自己什么都明白，根本没病，但怕电击，只能屈打成招。

现在胆子更小了，走一步需要人跟一步，干啥都得陪着他才行。晚上休息不好，有时头疼。现在刚好一点，又想去外地做生意。我把着钱不放手，因有两个孩子，家里经济条件一般，不让他去。他就和我吵，说："我是个男人，我就要出去做事。"为此前来咨询，希望得到老师的帮助。

绘画回溯·印证

房： 房子涂为黄色，与来访者想外出做生意挣大钱，让家庭更富有相对应。

阴户门，与腼腆、说话脸红相对应。

树： 树体下端有重笔，与三岁时掉到地窖受到惊吓，至今仍然怕黑相对应。

树干上端有新发枝条，与最近想外出做生意相对应。

树冠过大，与办厂资金被骗要不回来、压力很大相对应。

树冠右侧断开连接，与现在不能正常工作，因病在家休养相对应。

人： 头部有重笔，与晚上休息不好、有时出现头疼相对应。

发丝线条短且有重笔，与考虑问题简单，听说上海的生意好干，就不假思索接管别人的小厂相对应。

左肩下滑，胳膊向前伸，右臂抬起、努力支撑，双手张开，这些与想去外地做生意、“我是个男人，我就要出去做事”相对应。

上身多处重笔线条、腿向前迈、头向后转，与想出去做事，后被媳妇阻止，他极不情愿又不能马上外出做事的矛盾心理相对应。

初步评估：环性心境障碍

在环性心境障碍中，患者同时具备类似躁狂症和抑郁症的特征，但还不能达到躁狂症和抑郁症的评估依据，并且其发作会循环进行，也可以有间歇性的正常期。

本案中，来访者同时具有躁狂（大喊大叫，脑子不受控制，神情恍惚）、抑郁（情绪低落、焦虑、失眠等）、恐惧（胆小怕黑、干任何事都让人陪同），但还不能达到躁狂症和抑郁症的评估依据。故诊断为环性心境障碍。

结束语

来访者非常有上进心，想外出做事，但能力不足，自身条件有限，导致他在上海做生意失败，后被派出所拘留，还由于家庭的支持力度不够，种种事因让来访者产生焦虑、抑郁、恐惧等，环性心境障碍症状非常明显，建议来访者服药的同时，定期做心理治疗。

赶不走的梦魇

——创伤性应激障碍

上午接近下班的时候，一位四十多岁的妇女领着一个女孩走进了工作室。

“刘老师，我把俺妮领来了。”

“好啊，请坐，”我招呼她们坐下。

女孩母亲不等我说话，就开始讲起来：“俺妮叫春娅，今年16岁，读初二。一个星期前，她班主任给我打电话，让我去学校把春娅领回家，并劝我让她休学。至于为什么，班主任也没讲清楚，只是说承担不起这个责任，回去最好给她找个心理医生，看看孩子有什么心理问题。

我把孩子领回来，在家观察几天，也没发现啥问题。她跟着我出去、上街买菜什么的，也很高兴，我感觉挺好的。我就是不明白老师为啥让俺妮休学，还建议让俺看心理医生？看就看吧，让孩子在网上查找心理医生，就找到了您这儿。想请您给看看，孩子到底有啥心理问题？”

“这样也不错啊，不明白的事咱问个明白，有问题咱就解决，没问题咱心里就踏实了。在这做咨询，先不说问题，让孩子做个绘画测试看看。”

“我看着俺妮也没啥事，就是她班主任事多。”她妈妈在一旁忍不住唠叨。

我说：“你看到的只是表象，我通过画看到的是内在。孩子有事没事，看了画再说，可以吧。”

绘画浅析

从整幅画来看，来访者有严重的恐惧心理。她童年受过创伤，少年时期有男孩伤害过她，自始至终都留有阴影。

画的整体色彩是蓝色，代表她性格内向，要求清净，不想被多余的事缠绕。

房

房子比较稳固，房顶较大，笼罩着整个房体（房是家，房顶一般代表父亲。房顶大是指父亲对家的全面照管），房子没有窗户，没有光的照射（指来访者在家没感受到父母的关爱）。门向右偏移、关闭（代表不愿与人沟通交流，想留给自己更多的空间）。

树

树干粗壮（指来访者比较聪明），树冠左大右小，左侧大（考虑未来更多一些），右侧小（是不想考虑当下的事）。

树体右上侧，有个大的树洞，细看又像男孩的头像（经量化，来访者大约在 8 岁左右受到过惊吓，这种惊吓是外界环境带来的，恐惧感十分强烈，此事给她内心造成了巨大的伤害，时至今日，仍记忆犹新）。树体的

下端两侧都有重笔（表明她自幼胆小、内向），左侧两次重笔（表明幼年受到过惊吓或其他躯体上的伤害）。树体下端没有根系（有严重恐惧心理，没有安全感）。

头大（代表压力大），头发的一半反复涂描（代表来访者可能有某些特定的事情，让她不能释怀）。眼珠发绿（有报复心理），胳膊腿很细（说明她力量有限），嘴大且重笔涂描（想吞噬），嘴角上扬（看似在笑，不如说是笑里藏刀）。

听了对画的解读，春娅母亲一脸的茫然和不解："老师，您说的受到伤害，我不是太明白。她爸外出打工，我在家照顾孩子，她是最小的，我们都很疼她。因为孩子多、事多，我脾气有点躁，吵、骂她也很正常。要说受到惊吓，我倒想起来了，在她一岁半时，不小心从楼梯上一头栽下来了，脸上、腿上青一块紫一块的，当时她还真被吓着了，我们抱她去医院看，检查没什么大问题，就是经常晚上睡着睡着就哭，我们又去烧香那儿给她看看，很快就好了。这能算是伤害？"

我笑着说："这也算伤害。其他的，应该还有，可能你不知道。这样吧，我和春娅单独交流一下。"

我姐妹四个，我是老小，因为我是女孩，认为我是多余的。爸妈想要的是男孩，自我懂事起，我感觉他们都不太喜欢我。妈妈常给别人说"把我当狗拉把着"这句话，我永远忘不了。

有一次上课，老师让回答问题，看到同学们踊跃举手，我也不由自主地举起了手。老师提问，我答不上来，问我会吗？我摇摇头。老师看着我说："你不会举什么手，神经！"当时同学们都哄堂大笑。课后，同学们也指指点点说我“神经”，嘲笑我。

在学校，我没有玩伴，喜欢一个人在清净的地方看书。

因为看书，有件事我怎么也忘不了。那是在三年级的时候，有一天放学后，我没有及时回家，到学校二楼乒乓球室看书。这时，有几个怪里怪气的男生，拿着球拍走了过来，看我是一个人，就向我要钱。我不给，他们就揪我的头发，推搡我、打我。没办法，我就把仅有的五元钱给了他们，才让我回家。从那以后，他们经常堵我要钱，不给就打，我怕极了，告诉了老师，老师没当回事，不管不问。回家我也不敢告诉爸妈，怕他们吵我、骂我。每天上学我都害怕，看到他们我就躲。因为都在一个学校，无论怎样躲都会碰到他们，他们一见我就向我要钱，这种状况一直持续到四年级。后来不知道什么时候，那些打我、抢钱的男生全都消失了。虽然他们不见了，但那些情景还时不时地出现在我的脑海里，我恨他们，一想起来，我就想拿刀一个个地砍死他们。

绘画回溯·印证

房： 父母重男轻女，来访者没感受到父母对她的关爱，和父母沟通不畅，与房子无窗、门偏移且关闭相对应。

父亲在外打工，挣钱养家，与房顶笼罩房体相对应。

树： 幼年从楼梯滚下来、受到惊吓，与树体下端左侧重笔相对应。

来访者在三年级时出现校园欺凌现象，几个男生围攻打她并向她索要钱，与树体右上侧树洞出现的男孩头像相对应。

滚下楼梯、校园欺凌造成的恐惧心理，与树体下端无根相对应。

人： 校园欺凌对她造成的内心伤害，让她产生报复心理，与眼睛发绿、嘴大且重笔涂描相对应。

初步评估：创伤性应激障碍

创伤性应激障碍又称延迟性心因性反应，是指患者在遭受强烈的或灾难性精神创伤事件后，延迟出现、长期持续的精神障碍。

评估依据：创伤性体验反复重现（病理性重现）；持续的警觉性增高；

持续的回避；创伤性经历的选择性遗忘；对未来失去信心；精神障碍延迟发生，符合症状标准至少已 3 个月，且社会功能受损。

在本案例中，来访者上小学三年级时遭受了校园欺凌，至今经常反复重现创伤性体验，目前在校出现异常现象，不能正常上学，社会功能严重受损，与评估依据相符。故诊断为创伤性应激障碍。

结束语

来访者性格内向、胆小，父母重男轻女，加之校园欺凌，给来访者内心造成了严重伤害。这种伤害如不及时治疗，负面阴影会反复重现，将会影响来访者的一生。

建议来访者的父母全方位关爱孩子，不仅仅是物质上的满足，更重要的是给予孩子精神方面的关注与支持，培养孩子的自信、自强，完善自我，健康成长。

女儿泪

——创伤性应激障碍

两年前，张娜由丈夫陪同来工作室做咨询。

我记得很清楚，初次见她的时候，她神情恍惚、目光呆滞，整个人无精打采。当时我拿出纸和笔让她画房树人做测试时，她有所抵触，“你为啥让我画画？我也不会画。”

我告诉她：画画也是咨询的一部分，先用画做个测试，不看画技，想咋画咋画，用什么颜色的画笔都行。只有做了测试，才能更好地帮助到你。

她看看我，又看看她的丈夫，疑惑地拿起纸和笔，画了房、树、人。

绘画浅析

整体画面是黑色，黑色代表压抑、沉重、没有生机。

房

此房代表来访者的原生家庭。房子是危房，左右墙高低不一致，前墙没地基，整体破旧不堪，是不能住人的废弃房（代表来访者不喜欢这个家）。

房顶是由小瓦建成的（在此表示家庭教育比较传统、刻板、守旧），两扇窗（表示双亲健在），房门锁起（不愿走进这个家）。

树

黑色圆形树冠（指来访者有较多的期待与愿望，树冠在此图中指事业，圆形是圆满的意思），树冠与树干不连接（现实与当初规划的人生已完全背离）。

树干形似胳膊，上有多处伤痕（代表外界环境给来访者的内心造成很多伤害），主枝像张开的手掌（意思是我的命运我做主，不要外人干涉）。五指尖锐（指有攻击性，表明来访者性子急躁，稍不如意，就会大打出手），其中食指和小拇指都有不同程度受伤（是在指责别人的同时，伤人伤己）。树干下端长短不一（表明来访者幼年有爱的缺失），没有树根（缺乏安全感）。

人

短发稠而密，分成两部分（代表有两个方面的压力），头发梳理光洁不乱、纽扣排列整齐（代表来访者做事要求完美）。

两只眼睛很大（看似惊愕、呆滞无神），她的嘴是张开的，嘴角处有破损（代表她有很多委屈，有些事又无法表达清楚），鼻子尖（有个性）。两个肩膀不一样，左肩呈溜肩，重笔涂描（压力大所致），右肩有棱角（努力支撑）。

我为张娜析画解读后，对她的现状做了综合表述："你很要求完美，但个性也很倔强，有时做事会一意孤行，事不如愿，别人受到伤害的同时，你也会受到伤害。此时你压力很大，怨气也很大，还严重缺乏安全感，是这样吗？"

"是这样。老师，您咋知道？"

我笑了笑，指了指桌子上的画，"是它告诉我的，其实也是你自己告诉我的。”她似乎还是难以置信，好奇地看着我，没有了原来的不信任和疑惑感，我们之间的距离一下子拉近了很多。

我出生在豫东农村，父亲务农，母亲身体不好，常年有病，姊妹三个，一个弟弟和一个妹妹。全家人就靠父亲种的几亩地生活，家境贫寒。小时候，在家我什么活都干，弟、妹能出去玩，我不能，得帮母亲干活。做饭、刷锅什么的全都是我，有好吃的还得让着弟和妹，吃、穿根本没法和别人比。那时我就想：长大了，我不会像父母他们一样，我要有一个好的生活。

初中毕业，我就外出打工，业余时间在网上认识了一个男友，也就是现在的丈夫。男友对我很好，家里的经济条件也不错。后来见了男方父母以后，他父母对我也很满意。但是我的父母对于这个外地的女婿却十分冷淡甚至仇视。父母的思想比较传统守旧，认为养儿是为了防老，女儿不能远嫁。所以当我初次带着男友登门拜访父母时，就遭到父母的强烈反对，还把男友带来的礼品都扔到了门外。由于我心中充满了对爱情的憧憬和对新生活强烈的向往，不顾家人的反对，毅然决然地选择离开老家，与男友前往长春完婚。婚后的家庭经济条件还不错，但工作不太顺利。

平时想念父母，不敢回娘家，怕父母不接纳我。一年后，我有了孩子，想借此与家人修复关系。于是我找了个机会带着孩子回到娘家，没想到父母依然没有放下以往的成见，对我耿耿于怀，结果不欢而散，我只好留下了一些钱重新回到了婆家。

一晃三年过去了，我已经是两个孩子的妈妈，每天都思念着父母与家人。在第四年，我按捺不住自己的思念，拨通了父母的电话，也许是父母年纪渐大，也许是对于儿孙的挂念，他们接受了我。我决定春节带着孩子返回老家探望父母。

几年未见，父母看似老了很多，脾气也消减了，我们相处得非常融

洽。我在家尽量行孝，家务活全部包揽，闲暇时就带着父母出去玩，拍拍照、吃吃饭，看得出他们都非常开心。

由于弟、妹都外出打工，他们的孩子全部留给父母照管。五个不大的孩子加上我自己的两个孩子，家里总是乱糟糟的。我一时心烦，没与父母商议就在网上订了回长春的机票，准备第二天回去。晚上给母亲洗脚时，我告诉母亲已订好票，准备明天回去时，母亲愣了一下，突然跌倒在地，晕了过去，我赶紧拨打了120。母亲被抬上救护车时已不能开口说话。我害怕地抱住母亲，一直给她讲话，让她坚持。不料在去医院的路上，母亲不幸去世，死在了我的怀里。

说到这里，她早已泪流满面。她不断地反问自己："母亲是不是我害死的？如果自己没有订机票，如果自己春节不回来，母亲也许就不会走。"她自言自语，陷入深深的自责中。

"母亲去世已经三个多月了，在这段时间里我经常失眠、发呆，母亲去世时的情景总在我脑海里展现，脾气开始变得暴躁，常常为一点儿小事就会对孩子大打出手。更严重的是，不能听到关于某某生病的字眼，一旦听到，就会全身发抖，十分痛苦，感觉活着没意思，还不如死了好。"

绘画回溯·印证

房：来访者父母思想守旧、固执，拒绝女儿外嫁，这与房顶是由小瓦建成、没按正常顺序排列相对应。

家境贫寒，她不愿过父母那样的生活，这与前墙没地基，左右墙高低不一致相对应。

树：不听从父母建议，执意与男友成婚，这与主枝像张开的手掌相对应。

母亲去世，来访者情绪过激，对孩子非打即骂，与五指尖锐相对应。

人：压力来自两个方面，一是母亲去世，二是工作不顺利，这与短发分成两部分相对应。

来访者无意中的一句话造成母亲心脏病突发、去世，与嘴张开、嘴角有破损相对应。

初步评估：创伤性应激障碍

创伤性应激障碍是指发生在创伤事件之后的严重而持久的精神障碍。

主要表现为：

1. 创伤性体验反复重现。

2. 在麻木感和情绪迟钝的持续背景下，发生与他人疏远，对周围环境漠无反应，回避易联想创伤经历的活动和情境。

3. 常有过度警觉、失眠等。

4. 焦虑和抑郁并存，可有自杀观念。

本案中，母亲去世三个多月来，张娜经常失眠、发呆，母亲去世时的情景总在脑海里展现。脾气变得暴躁，无缘无故殴打孩子。不能听到关于某某生病的字眼，一旦听到，就会全身发抖，十分痛苦，感觉活着没意思，还不如死了好，这些表现与创伤性应激障碍相符，故诊断为创伤性应激障碍。

结束语

由于来访者的个性较为倔强，本我占了主导地位，不顾父母意愿离家出走、成婚，与父母养儿防老的陈旧的思想观念有根本上的冲突。此次回娘家，意在行孝，不幸的是，因一句话导致了母亲心脏病突发，撒手而去。此事致使她心存内疚、自责，出现了创伤性应激障碍症状。

来访者经过 6 次的心理治疗，已从母亲辞世的阴影中走了出来。春节前，她带着丈夫、孩子回老家接父亲去沈阳养老。

我恨她　我恨他们

——偏执型人格障碍

整幅画给人的感觉：来访者的思维模式极其怪异。

绘画浅析

房

平顶房（代表想有所收获），平房顶上的烟囱颇引人注目（烟囱在本案中代表男性生殖器官），烟囱的顶端已封闭，但还在源源不断地向外冒烟（表明来访者对家有不满情绪，有压抑感）；烟囱的底端已穿透房顶

（它既不是透视房，也不是玻璃顶，更不可能是俯视图；这样穿透房顶的用笔，是内心复杂，性欲较强）。

单窗（指来访者只感受到父母一方的关爱），阴户门（是对性的好奇、向往），左边门框重笔（是对女性关注），门是关闭的（是来访者不愿暴露隐私，不喜欢与外人交往）。来访者在校期间，与同学关系不太友好，某件事对他伤害很大，致使他上课注意力分散，想入非非。

树

树的形状奇特，树冠不完整，残缺不全，凹凸悬殊太大（指来访者在校期间人际关系不好，某件事对他伤害很大）。右侧树冠与树干断开连接（指来访者学习间断），树干上粗下细（指思维倒错），暴露的根系长而稀少（得不到足够的滋养），左边的根蔓延在回家的路上（指幼年任性，对家有依赖心理。）

头部不正、棱角明显（代表偏执），两处重笔，脸部不匀称，右侧有线条断开现象（可能头部有问题）。眼睛以点为标志，点的落笔轻重不一（看问题单一，呆板、固执、多疑）。无手无脚（行动力不足）。

小芏（du），男，十六岁，高一学生。其母精神有点异常。

据他父亲讲，在幼儿园期间，他就不安分，经常招惹别人，多次和小朋友闹矛盾；若别的小朋友打他一下，他一定会还击，甚至更狠。初中阶段，他的学习成绩非常优秀，考上了重点高中尖子班，成绩在全年级第二。老师非常看好他，让他担任班干部，把他列为学习典范。但他性情过于高傲，认为别人都不如他。在与人交流时，不等别人把话讲完，他就抢

白:“明白了，不要再啰唆了。”常把人弄得极其尴尬，就连老师每次给他布置学习或工作任务时，也以同样态度抢白，老师为此称他为“怪才”，同学们称他是“另类”。即使他学习再好，因为不懂得尊重人，大家也不愿和他交往。

读高一时，他旁边是个女生，成绩稍逊于他，但很好学。女生一遇到什么问题，就会向他请教。他很高兴，便视女生为知己朋友。在学校，小芏除自己学习外，就把帮助该女生的事作为自己的分内事。女生看到小芏对自己诚心帮助、耐心讲题，很是感激。有一次在学习交流过程中，小芏不加避讳地把梦中男女隐私交合之事向女生全盘托出，女生当时很愤怒，说他下流。后来女生找老师要求调座位分开，从此不再与他往来。

他非常愤怒，对女生抱有成见。只要听到那女孩“唉”一声，他都感觉是针对他的，有时班里的其他同学咳嗽一声，小声说个话，被他听到，他也会浑身不自在，认为是在说他。此后，只要是在人多的地方，小芏就会紧张、发抖、头疼、胸闷。

老师，我很想让那个女孩调班，看到她我就不想上课，感觉所有人都很生疏。班里的同学对我只是表面上的礼貌客气，有的同学连基本礼节都没有，看见我就别过头扭向一边，装作没看见。其实，他们要么是虚伪敷衍，要么是冷眼旁观，看我笑话。我不喜欢他们，更不喜欢女同学，他们都假、不诚实。对老师和同学我都不放心，我必须先确认他们对我有没有语言和行为上的冒犯之意，才和他们接近。若有我认为不好的意向，我就先防备再瞅机会攻击，我觉得这是自我防卫。现在，我真的不想再走进学校，不愿看到同学，尤其是她，我对她那么好，一心一意地帮助她，甚至还为她制定了一整套学习计划；若按我的计划，她一定能考上清华或北大，可她不但不理我，见面还抵触我。我现在很恨她，不想见她，只能选择逃避。班里的她、他、他，都让我无比心烦，我整天面对他们，简直头疼欲裂，痛苦极了。

绘画回溯·印证

房：阴户门及烟囱，与他和女生交谈性的内容相对应。

树：树冠的残缺不齐，与他现在的学习状态相对应。

树干的粗细部分上下颠倒，与老师、同学称他为“怪才”“另类”相对应。

人：头部的重笔、断开连接，整个躯体分配比例失调，与来访者当下的状态、语言、行为不正常相对应。

初步评估：偏执型人格障碍

偏执型人格障碍显著特点，是猜疑和偏执。

患有这种障碍的人，心理上高度敏感，他们经常倾向于从环境中寻找蛛丝马迹来证明自己受到了不公平的待遇，喜欢寻根究底，容易从别人无害的行为中找到隐藏的动机和特殊的意义。他们常常是紧张的，无幽默感的，有攻击性，好夸大。偏执型人格障碍患者倾向于把过失归罪于他人，自己不能为失败承担责任。

本案例中小芏的症状与偏执型人格障碍的特点相符。

结束语

经研究表明，偏执型人格障碍是受基因的影响，并在精神分裂症患者的家族中有较高的患病率，因为有这种障碍的人容易将批评和过错做外归因。到目前为止，没有任何证据能说明哪一种方法能有效改善偏执型人格障碍的生活。

根据小芏的问题症状，建议他在药物配合的情况下，不定期地进行心理治疗，更正他对他人所作出的错误假设——恶意的、不可信任的想法，缓解症状，以观后效。

用爱点亮孩子心灯

——持续性心境障碍

上午 11 点半，我们准备下班。一对中年夫妇领着一个十六七岁的女孩走进了咨询室。

女孩父母进来后，没有急于讲话，站在母女俩身后的父亲用眼示意，并用手指了指孩子，我们会意：是给女孩做咨询的。

一家三口坐定后，妈妈说："老师，耽误你们一些时间，我们实在没办法了，您看看孩子到底出现了啥问题？"看得出，不仅妈妈一脸的无奈，父亲也是如此。

女孩坐在一边，低头无语。她，头发散乱，长长的刘海凌乱地遮盖着半边脸，几乎看不到她的眼睛。从侧面可以观察到，她的棉袄袖子有些短，手腕上的几道瘢痕非常清晰，面目表情呆滞木然、冷漠。可想而知，女孩在她的生活中一定是经历了她这个年龄段不该经历的事情。

我拿出纸和笔递给孩子，要求她与我一起去另一间咨询室做绘画测试，但她没反应，呆坐着不动。妈妈劝她："玲玲，听老师的话，去吧，我和你爸不走，在这里等着你。"玲玲翻了翻眼皮，慢慢站起来，随我去了咨询室。

女孩拿着彩笔，问："我只用黑笔画，可以吗？"

"可以，用什么颜色的笔都行"。

不多一会儿，玲玲就把房、树、人的画递给我，然后低下头，用手抠着手腕上留下的瘢痕。

我走近她，轻轻地拍了拍她的肩膀，说："孩子，不要怕，无论以前你遇到过什么事，记着：那都不是事！老师会和你一起面对，没有解决不了的问题。"

绘画浅析

整幅画的色彩是黑色，黑色代表沉重、压抑。

房

房子从整体看基本稳固。

房顶用小瓦铺成（代表家庭守旧、比较传统），正面墙没有窗（表明室内光线不充足，指来访者在家感受不到父母双方的关爱）。

双扇门倾斜（指没有安全感）并关闭（是封闭自我，不愿与人沟通），双扇门的中心有两个黑点（代表对两性问题疑惑）。门的上方有个小亮窗，光线能从外面射进来一部分（指来访者在家虽然缺少关爱，但对她来说，待在家里会更安全一些），门框上横木重笔，门下地基用线条加固（想使

门更稳固，代表来访者严重缺乏安全感）。侧墙上有扇窗（窗户小，而且靠上，指来访者待在家中，从窗户向外窥探，出去是否安全）。

房子外面有部分栅栏（意思是待在院子里也不安全，说明来访者防御机制不健全，有非常严重的恐惧心理）。

树

树画在纸的上半部分（指树不接地气，表明来访者感觉没有着落，有悬空感），没有地平线，没有根（指来访者有恐惧心理，严重缺乏安全感），树干底部的左下方有一处重笔（代表幼年受过惊吓或患过生理性疾病）。

树的主枝和侧枝都被砍断，且重笔描绘（指来访者在校因某些事件内心深受重创）。黑色的有形无实、形似浮云的树冠，没有生命力（意思是，在校学习是一种无奈，对学的知识一知半解）。

人

人画得很小（有自卑心理），头部有重笔（指头部不舒服），没有五官（是逃避，有退缩迹象），头发竖立（毛骨悚然），没有脖子（可以视为惊吓的表现）。

人在向前走，两只胳膊不一样长，右胳膊较短（短是回缩，怕被他人住），右腿长左腿短，前行中很警觉，准备随时逃离。她的右前方有一大块重笔涂抹的黑影（黑影令她恐惧）。头转向右侧（表明不敢看，还得硬着头皮朝前走）。

我有七个孩子，玲玲排行老六，今年 16 岁了，不喜欢说话。我和她爸在县城打工，每天早出晚归，我们需要多挣钱才能供养七个孩子，平时

没时间与孩子们交流。玲玲上到初二下学期，就辍学了，在一家超市打工。两年前就开始出现幻听，她说：一睡觉就有人说她“你咋不去死啊？”当时，我没在意，认为她没休息好，是在做噩梦。现在她啥活都不干，闷在家里也不出门。若让她做个事，她就发脾气，大喊大叫，还多次拿刀割腕。我心里很害怕，问她怎么了，她不说，哭着大喊：“我神经了，想死，你别管我！”对这个孩子，我真不知道咋办好了？老师，您帮帮我，帮帮这个孩子吧。

我说：“不要着急，既然你们找到了我，我一定会尽力帮助这个孩子。从画中看出，她有过惊吓，到现在都很恐慌，她出过什么事？你还能想起来吗？

妈妈说：“她小时候出过一件事。七八岁的时候，有一天，她带着弟弟上学，走了小路（小路一般行人很少），在那条小路上遇到了一个二十多岁的成年男人。那人拦住不让她走，拉开自己的裤子把生殖器露出来，让孩子看，并抱住她。她当时特别害怕、无助，恰巧有个人路过，那人松开了她，离开了。这事是她弟弟给我说的，我问玲玲咋回事，她不说话，只是哭。我也找不到那个人，没办法，事情就这样过去了。事隔七八个月，在邻居的喜宴上我碰到了欺负她的那个男人。那男人就坐在我们对面，当时她弟弟指给我说：“那天就是这个男人欺负我姐姐的。”当时我很生气，本想告诉孩子她爸，又怕她爸脾气暴躁，再去打那人。我怕出事，也就这样算了。

从那之后，她在家时话更少了。一次，她放学回来，手流了好多血，我问她，她说是同学碰的。我去学校找同学，同学说，是她自己用铅笔刀削的。

我从小没朋友，在学校被称为“另类”。在家也没人关注我。所以我只能在学习中找乐趣。为此，我学习成绩不错。五年级下学期考试时，有

女生要抄我的答案，老师说过考试不能抄，我就没让她抄。事后，那女生带着几个同学把我堵到厕所，说我不让她抄答案，就打了我一顿，她们人多，我没敢还手。临走时她还说："不能告诉别人！你要是说了，我还打你。"吓得我不敢吭声。为此，我故意让成绩下降，这样她们就不抄我的答案了，我也不再挨打了。

我感觉自己和别人就像活在两个世界里，和她们不是没话说，而是说不到一块儿。我不想改变自己，也不想跟她们一样，她们太俗气了。我很孤单，没有朋友，常常一个人独来独往，感觉活着没什么意思。心烦了，就想拿刀割腕。割腕时，虽然有点疼，但比起心里的难受好多了，看着血流出来，挺开心的，"流吧，流吧，流干了就死了，死了才好！"有时也想过跳楼，我要到最高层去跳，像蝴蝶一样飞下去，结束生命。

她说着哭着，哭得特别伤心。过了好大一会儿，情绪才慢慢平缓下来，不好意思地说："老师，别笑我，我从小到大还没有这样痛快地哭过……"

"孩子，老师很理解你，不会笑话你的。这事放到谁身上，都一样。只要你积极配合治疗，相信一切都会好起来的。"

在我们分手时，玲玲拉住我的手，说："想不到，我今天找到了一个忘年交朋友，真好！"我们拥抱了一下，我顺手把她的长发拢到耳后，鼓励她，让她按时来做心理治疗，她点点头，露出了久违的笑脸。

绘画回溯·印证

房： 来访者家在农村，家中的教育理念比较守旧，与小瓦房顶相对应。
她缺少关爱，与正面墙无窗相对应。
现在闭锁家中不愿出门，不与外界沟通，与门关闭相对应。
猥亵事件对她的影响，与双扇门中心的两个黑点相对应。
来访者有恐惧心理，缺乏安全感，与房子外面有部分栅栏、倾斜的门、门上横木重笔、门下线条加固相对应。

树： 猥亵事件、校园欺凌，与树干主、侧枝被砍相对应。
现在的情绪状态与浮云状树冠相对应。

人：猥亵事件，与小人的整体状态、重笔涂抹的黑影相对应。

初步评估：心境障碍

心境障碍又称情感性精神障碍，是以明显而持久的心境高涨或低落为主的一组精神障碍，并有相应的思维和行为的改变，可有精神病症状，如幻觉、妄想等。

这种障碍可持续多年，有时甚至占据生命的大部分时间，因而造成相当大的痛苦和功能缺陷。

本案例中，玲玲出现猥亵事件之后，表现为行为异常，情绪高涨或低落，出现大喊大叫、割腕、幻听等现象，已不能正常学习，社会功能严重受损，故诊断为心境障碍。

结束语

本案中，猥亵事件、校园欺凌、家人遇事不能出面保护，是造成孩子心境障碍的主要原因。

家，是孩子安全温馨的港湾，也是孩子避险休整的场所。建议玲玲的父母应给予女儿更多的亲情呵护和关注，以他助、互助、自助为一体，在咨询师的引导下，培养其耐挫能力，敢于面对，增强自信，健康快乐成长！

一个“妈宝男”的烦恼

——恋母情结

冬天，是个让人心生慵懒的季节。空气中的寒冷，让人不想出门，忘掉一切事务，静静地待在家中，享受一种暖暖的清净。这对我来说，也只能想想，真要落实，还有难度。入冬以来，咨询室的来访者络绎不绝。

元月的一天上午，我们在咨询室里整理资料，一个轻柔的声音传来：“有老师在吗？”

“有啊，请进。”我话音未落，一位30岁左右的年轻男士走了进来。这位男士，身材高高大大，衣着讲究，戴着口罩，举止颇有礼貌。他摘下口罩，对我笑了笑，坐在我的对面。别看这男孩高大魁梧，五官长得十分清秀，尤其是微笑的样子，像一个俊俏而又腼腆的大姑娘。“老师，我想咨询一个问题：我的婚期快到了，说实话，我很激动，也可以说是很高兴，但心里又感觉惶恐不安，怕婚后妻子不同意和母亲住在一起，不知该怎么办？”

“你们为什么婚后非要与母亲住在一起呢？”我边问边把纸和笔递给他，要求他做个房、树、人测试。

来访者画得非常简单，寥寥几笔勾勒出房、树、人的大概轮廓，色彩比较单一，除了贯穿整幅画的黑色和灰色以外，仅在树冠上用了些许绿色。

房

房子分为两间，一大一小，紧密相连。大房的房顶与墙体断开连接（代表来访者父母离异），小房的房顶与大房的房体相连（表示来访者现在和母亲生活在一起）。大房的房顶与小房的房体交叉相连（表示来访者与父亲有联系）。

左侧房重笔描绘（代表来访者对自己的小家关注更多一些），门较大（是想与人沟通），右侧房有个不规则的单窗（代表来访者能感受到父母一方的关爱）。

房外有院墙，院门是锁起来的（指来访者防御机制较强），院墙有缺口（代表来访者原生家庭出现过问题）。

树

树冠是绿色的（绿色代表生机），绿色轮廓的边缘有过多波折（指来访者情绪多有波动，心态不稳），树冠左大右小（关注未来更多一些），左侧树冠与树体断开连接（对未来婚姻的幸福指数有不确定性），绿色树冠内都是空白（想法较少，没具体目标）。树体两侧长短不一，下端左侧有部分缺失（指爱有缺失），树底部外抛（近期懒散）。

人

画的是个女孩（代表来访者有女子化气质），身穿 A 字裙，三四岁的样子，长长的卷发（表明来访者心理年龄与生理年龄不匹配），大大的眼睛，面目表情惊讶中带有惊恐感（是指来访者对突发事件束手无策），嘴没有张开（不敢说或说不明白）。两臂伸展，两只手张开（无奈，不知该怎么办），三个手指（表明来访者认知不完整），腿长短不一、没有脚（是一种不自信地展现）。

我在单亲家庭中长大。父母30多岁才有我，我们一家人在一起的场景现在已经记不清楚了，时常有一个镜头出现在我的脑海里：我们一家三口，坐在沙发上看电视，当时彩色电视机还不普遍，我家就有一台彩色。我坐在爸妈中间，妈妈一边削苹果，一边喂我吃。这个画面一直到现在还时不时地出现在我的梦境中。说真的，我都不知道这个场景到底有没有发生过，因为从我有完整记忆的时候，爸爸已经不在这个家了。

听姥姥说，爸妈是在我四岁那年离婚的，因为他们性格不合。离婚后，我跟妈妈生活，爸爸有时也会来看我，次数不是太多，所以，我对爸爸没有太深的印象，还似有惧怕的感觉。

我妈呢，个性强。离婚后，她带着我一个人做小生意，刚开始那几年，生意不好做，我妈吃了很多苦头，但她没有亏待过我。从我记事开始，别人家孩子有的我都有。小时候我的玩具最多，小朋友都愿意跟我玩，因为我有他们没有甚至没有见过的玩具。我上的小学，都是妈妈托人给我找的最好的学校。从上小学起，妈妈的生意也开始慢慢好起来了。我们家从小平房换了楼房。妈妈工作再忙，从没有忽略过我。整个小学，都是妈妈自己接送我。妈妈对我的照顾简直无微不至，每天三餐，她都做很多好吃的给我。一直觉得妈妈就像超人一样，特别有安全感，所以事事我都依赖她。

大学毕业，妈妈找人让我进了一家单位。工作中，我认识了一个女孩，比我大一岁，很照顾我，我们两人很合得来，我想和她结婚，她家人也同意我们结婚。谈话中她说过婚后想单过。但我没独立过，也没有离开过妈妈，想与母亲生活在一起，又害怕她不同意。所以现在谈到结婚，我便惶惶不安，怕她不同意和我妈妈住在一起，眼看婚期就要到了，我不知该怎么办?

绘画回溯·印证

房：大房的房顶与墙体断开连接，与来访者四岁父母离异相对应。

大房、小房紧密相连，与婚后也想跟母亲生活在一起相对应。

小房的房顶与大房的房体紧紧相连，与儿子对母亲的依赖相对应。

大房的房顶与小房的房顶交叉连接，与父母离异后父亲间断性看望相对应。

树：绿色树冠有过多波折，与谈到婚事惶惶不安相对应。

树体下端左侧有缺失，与小时父母离异、缺失父爱相对应。

左侧树冠与树体断开连接，与担心妻子反对婚后与母亲生活在一起相对应。

人：画的是女孩，与来访者女子气质相对应。

面目表情惊讶中带有惊恐感，与父母离异时来访者的年龄段相对应。

四肢不健全，与对母亲的依赖相对应。

初步评估：恋母情结

恋母情结又叫恋母综合征，由于家庭教育方法不当，母亲对孩子过度溺爱、庇护，限制了孩子的成长空间，导致孩子不能独立生活，对母亲产生依恋。

本案中，来访者从小至今一直受到母亲无微不至的照顾，他感觉母亲就像超人一样，和母亲在一起特别有安全感，所以事事都依赖母亲。故诊断为恋母情结。

结束语

本案中，母亲为了弥补离异后亲情的缺失，对儿子百般照顾，溺爱有加，事事替儿子做主张，无形中剥夺了孩子的自主发展空间，母亲这些举止，造成来访者心理年龄退缩，做事没有主见，事事处处依赖母亲，耐挫能力差，滋长了恋母情结。

建议来访者母亲不要因孩子亲情缺失，就事事包揽；应让儿子接受、正视现实，理解父母，学会独立，自信、自强。

第三篇

婚姻家庭

新婚夫妻的“爱恨”变奏曲

一天，我正在整理案例材料，门外传来一阵高跟鞋的踏阶声，随即听到一个沉闷略带斥责的声音：“你爱来不来，你要现在走，咱俩就离婚！”我猜测，这肯定是一对闹矛盾的夫妻前来咨询。

我放下手中的工作，起身迎了出去：噢，是一对年轻的小夫妻！女士笑了笑跟我打个招呼，男士站在女士后面，朝我点点头。我招呼他们进来，女士看起来文静温柔，戴一副金边眼镜，长头发束一个低马尾。男士中等个头，皮肤黝黑，结实健壮，看似很焦虑，眼睛不时地朝外看，一句话也不说。

女士先开口了：“老师，我们刚结婚四个月，婚姻就出现了问题。现在我们天天吵架，每次吵，都吵不出个所以然来。我觉得是他的错，他觉得是我不对，谁也说服不了谁。今天我们来到您这咨询，请您给评评理，到底是谁的错，我俩还能不能过下去？”

当他们谈到婚姻问题时，双方都是一副气鼓鼓的样子。我说：“你们的心情，我能理解。结婚还不到四个月，按理说还处在蜜月中，怎么就发生了如此至深的矛盾呢？既然你们一起咨询，要求查找问题根源，就各画一幅画，咱们做个初步探究，看看问题到底出在哪儿？”

二十分钟后，这位妻子把画交给了我。

绘画浅析

整幅图案描绘细腻，人物面目表情栩栩如生，七星瓢虫弯弯的触角、眼睛及足清晰可见，由此看来，来访者是一个比较要求完美的人。

房

房子画在纸的左上角，占整个纸张的比例很小（指新家在来访者心目中有一定的距离感）。

房子是用棕色笔绘制而成，笔触用力不均，导致色彩有深有浅（对家人的看法、认可不一），房颜色有较浅的部位（是不太在意），房顶大部分色彩较重（表示来访者很在意丈夫，但对丈夫的所作所为有成见）。

房顶与房体的连接处线条拉长（代表丈夫情感外移，来访者的内心存有纠结），右侧的墙壁反复涂描、有重笔现象（指夫妻之间经常发生口角）。

门是关闭的（代表家事不愿外扬，也不欢迎他人参与），单窗（部分爱的缺失）。门前的路上有三块圆石（代表有障碍、回家的路不顺畅）。

树

绿色的树冠过大（指工作有压力），长势旺盛（代表自信），枝条凌乱（代表来访者想法过多），树干顶端的分枝尖锐，三个主分枝明显长短不一，两短一长，右侧分枝像人的食指（代表挑剔，爱指责人）。

树体粗壮（能量足，在此表示来访者精明），树体左侧重笔（指近阶段某些事影响了她，心情特别不好）。树根外露（自以为是），短而稀少（指根基不稳、缺乏安全感、需求更多的滋养）。

图中央有个很明显的特大黑色烟囱（烟囱大，是指来访者的气量小，遇事斤斤计较）。烟囱下端有一个圆（代表束缚自我），两端封闭（是自我封闭），烟囱里面有两段用黑色涂实（代表情绪压抑），封口的烟囱冒出串串烟（代表有时情绪控制不住，会发泄出来）。

烟囱的右侧有一女孩依偎在老人身边，旁边还有两个七星瓢虫（代表来访者在追忆童年美好的记忆）。

我结婚了，很开心，终于有了自己理想的小家。每天能与自己爱的人朝夕相处，然后一起上下班，一起做饭，一起收拾家务；每周一起回家看看双方父母，该是何等的幸福啊！

然而，事情并不像自己想象的那样。结婚后，他妈经常叫我们回家吃饭，他也喜欢吃他妈做的饭，一下班就要回他妈的家，让我也去。说实话，我也想吃我妈做的饭，我心想："我才不去呢，那是你家又不是我家。"有时去了，也只是给他个面子，心里特不舒服。他不在家吃饭，我也懒得做，干脆我也回娘家去。就这样理想中的小家在我心目中逐渐淡化，甚至怀疑在他心里只有他妈，没有我了。

看看周边同事、同学她们的小家，夫妻恩爱，出双入对；一起买菜，一起做饭；做得好吃不好吃，都无所谓，重要的是两人在一起的那种心情

和氛围。再看看自己的家，这哪是一个家？就是他的一个旅店，他就是一个“妈宝男”。我开始怨他，后来有点恨他，我怀疑自己是不是找错了对象。他一下班就去他妈家，一切都是他妈说的算。“既然你离不开你妈，你还结婚干啥？”我看到他就来气，他还给我吵，说我不懂礼。

想想还是童年好！虽然从小父母离异，妈妈把我送到姥姥家生活，但我跟着姥姥很快乐。姥姥给我讲故事，捉瓢虫，一起捉迷藏，无忧无虑。现在我是结婚了，感觉还不如不结呢。真有点不想跟他过了，但对他又有一些牵挂。我感到迷茫的是：怎么一结婚他好像变了一个人？

绘画回溯·印证

房：房顶重笔，与来访者对丈夫的依恋不舍、又处处责备的矛盾心理相对应。

右墙重笔，与夫妻之间经常发生争执相对应。

路上三块圆石，与她不想回家相对应。

树：枝条顶端尖锐，与来访者的个性及经常抱怨、指责丈夫相对应。

树冠枝条凌乱，与来访者的婚后生活思虑过多相对应。

树根短而稀少，与来访者幼年父母离异、跟着姥姥生活，缺少安全感相对应。

人：烟囱的上下端封闭，与她对婚后生活不满意，又不愿直接表达，强制压抑负面情绪相对应。

结束语

由于来访者幼年有爱的缺失，长期居住在姥姥家，一直没找到家的感觉。婚后有了属于自己的小家，有了亲爱的丈夫，她必会十分珍惜，不想让婆婆以任何借口参与自己的生活，为了保全小家的完整性，产生了严重的排他心理。殊不知小家是大家的延续，独立的同时又是相互帮扶的一个体系，在情理之中是不可分割的。

来访者只有改变错误认知，夫妻间多沟通交流，换位思考，适应新的生活环境，才能在新的环境中找回内在的安全感，夫妻恩爱如初，家庭才能稳固温馨。

丈夫的画

绘画浅析

房

房子的整体色彩是橘黄色（橘黄色属于暖色调，代表温馨）。

房子的前墙、门窗基本建好，房的左、右及后墙还没动工，房顶已搭建（代表是来访者理想中的家，现在的小家尚待完善），前墙有两处重笔（指家庭中有争执），院墙已建好（指来访者有防御心理）。双扇门是关闭的（夫妻间有隔阂，缺少沟通），通往家的路由大小不均的石块铺成（代表回家的路很难，与家人不能很好地共处）。

树

树画在纸的中间部位（代表男士主观意识强烈），树体粗壮（有能量），树体上有重笔涂描（代表受外界负面影响）。鳞状树冠（是做事认

真、要求完美），浅绿色树冠外，加有棕色涂描（代表一种矛盾心理，绿色给人生机，棕色使人沮丧）。树没有主枝（是没有主攻方向），有黑色枝条（指工作中遇到一些挫折），右侧枝条上的新叶呈深绿色（表明事业有新的发展）。

树根扎地浮浅（指来访者有不安全感），根系短而稠密（代表想汲取更多的营养，获得更多的支持）

人

画一女子半身肖像（一般是来访者自画像，在这幅图里女子是妻子的化身。可想而知，妻子在他的心目中占有一定的重要位置），女子肖像比树还高大一些（表明妻子平时盛气凌人，丈夫感到不太舒服）。眼睛上翻（妻子不满意），嘴巴张开，嘴角上扬（伶牙俐齿），没有耳朵（不想听别人讲话），嘴偏左（意思是不讲理）。

肩部微微倾斜（说明某件事在潜意识里对丈夫压力较大），没有下身（行动力不足，没定向）。

我和她是谈了两次恋爱才结的婚。第一次恋爱，双方感觉性情不合，分手了。分手后各自相了几次亲，都不如意，觉得还不如我俩更合适些，第二次我们谈了两个多月的恋爱，就结婚了。

我很珍惜我们的缘分，很在意她，也很爱这个家。不知道为什么我和她现在有了隔阂，特别不喜欢她盛气凌人的样子，不喜欢她指手画脚。我也想把家装饰得漂亮温馨，让她喜欢；给予她奢侈的东西，目前我还没这个能力，但我会努力的。工作，我也会尽心尽力地做好，现在我已设定新的奋斗目标，但她还不满意，还嫌我不上进。

我是独生子，我们和妈妈在同一个小区住，而且是前后楼。妈妈叫我们回家吃饭，是关心我们，非常正常。因为我们都上班，回家再做饭、收拾，挺麻烦的；在我妈家吃饭，省事、省时，不是很好么？但她就是不愿去，反而说我妈添乱。我不想让老人失望，我就自己回妈家吃饭，她竟然说我是什么“妈宝男”。因为爱她，我已经丢掉了原则，不管她怎么任性，我都随她。可她生气了就回她娘家住，已经十多天了，她这样做不更让双方家里老人担心吗？我接了她四次，才把她接回来。老师，您说这算什么事？

现在我的压力很大，感觉脑子很乱，一边是我爱的妻子，一边是养育我二十多年的母亲。我该怎么办？接下来要走的路真的很难！

绘画回溯 · 印证

房： 他与妻子的第二次恋爱只谈了两个多月，在还没有做好充分准备的情况下，匆忙步入了婚姻生活，与还没完工的房子相对应。

树： 想把家装饰得漂亮温馨、把工作尽心尽力做好，与鳞状树冠相对应。工作上设定了新的奋斗目标，与枝条上的新叶相对应。现实与想象中的婚姻有落差、情绪低落，与黑色枝条相对应。

人： 他非常爱妻子，不管她怎样任性，都事事包容，这与女子的肖像大于树相对应。

结束语

本案中，女方由于幼年有爱的缺失，想急于得到弥补，想让丈夫时刻陪伴；母亲爱子心切，认为儿子独立生活的能力不足，事事包揽，但儿子已娶妻成家，母亲要学会分离，给儿子一个成长的空间，免得让儿子夹在中间，左右为难。

男人不仅是家的保护者，也是家里的调和剂。来访者要在理解妻子的同时还要理解母亲，因为她们都是自己身边最爱的人，但她们各自的需求不同，所以他要掌握正确与家人相处的技巧，建立新的思维模式，帮助妻子、母亲慢慢改变原有的错误认知，这样才能处理好婆媳之间的关系。只有关系融洽，家庭才会稳固温馨。

了·缘
——婚姻与情感

一天下午，工作室来了一位约有三十岁左右的女士，穿着较为时尚，举止优雅且有个性。她说想给自己做咨询，我微笑着和她打声招呼，随手从桌子上拿起一张白纸和彩笔，吩咐她先画一幅房、树、人的心理画，做个简单的心理测试。

绘画浅析

房

房的整体颜色是棕色和黑色绘制而成（棕色代表古板，缺少情趣；黑色代表压抑，意思是说，来访者的家没有生机、死气沉沉）。

房顶笔触轻（代表来访者对丈夫有轻视心理），房顶有个开口的烟囱，灰色烟雾冒出（代表妻子对丈夫不满，有很大抵触情绪）。

房体正侧面用笔轻重不一，房体正面右侧上部，向内多一横线（代表来访者内心有情感外移倾向），在房顶与房体右侧交界处有一重点（代表内心纠结）；房体侧面笔触加重（代表来访者沉浸在与他人往日的情感中），侧面左下端有一处轻笔（现实家庭与往日情愫的冲突，属于矛盾心理），门和窗画在侧墙（代表来访者有想逃离现实家庭的想法），窗户很大（有向外探索的需求），双扇门是关闭的（代表与家人沟通不畅），门的中间有两个明显的点（是指来访者在情感方面出了问题）。

树

树干粗壮（能量很足），树体轮廓是用黑色画笔勾勒（代表来访者整个成长过程受到外界环境的负面影响，对她内心略有冲击），树体下端外抛（表示近段懒散），树与地平线没有连接（有点缺乏安全感）。

树冠是绿色，没有枝条，结有很多红色果实（代表来访者有过多想法），其中三个果实又用了黑色涂描（想实施目标，但有一定难度，信心不足）。树冠左侧与树干断开连接（表明对未来的不确定性）。

人

马尾辫束的过高（代表傲慢，有些自以为是），圆而大的眼睛，涂了口红的小嘴（要求完美），昂首挺胸，双臂摆动，充满自信地朝着房子走去（认为自己非常有能力）。成年的她，穿着 A 字裙（是来访者对自己童年时代的留恋心理）；两只脚，一只穿了鞋子，另一只赤着脚（代表匆忙，行动中多有不便）。

为了印证画的解析准确度，我征得了来访者的同意，将画意解析与她。“从画中看出，你很聪明，整个成长过程也比较顺利，在工作上能积极进取。近日，你碰到了一件事，在这件事上你有很多想法，不知何去何从，陷入矛盾纠结之中。你应该是遇到了情感上的问题。若说得不对，请你指正。”

来访者对我说的话没有异议，并不时地点头认可。

“在情感上你另有喜欢之人，对吧？你们夫妻之间，没有太大的矛盾

冲突，是你在情感问题上出现了难点。是不是这样？”

“老师，您说对了，我确实有情感方面的问题。正因为这件事，才来找您咨询。”

我今年三十七岁，有一个儿子，儿子非常聪明、听话，学习又好。我心情不好的时候，只要看到儿子，一切烦恼都烟消云散；真的，要不是儿子牵扯着，我早就离婚了。

我的丈夫，当初他的学历、家庭条件以及工作都不如我，只是长得帅、脾气好而已。虽然我不喜欢他，但也不十分反感。感觉自己年龄大了，为避免父母催婚，其他也没有考虑太多，我们认识时间不长，就匆匆结了婚。其实，根本谈不上是爱情。

上高中那会儿，我喜欢一个男生，因为都是班干部，接触得比较多，我们很谈得来，他很喜欢我，他是那种感情细腻、沉稳，又有才华的男生。我也喜欢他，后来，我们就相恋了。在学校不敢公开，只要有空闲，我们就会想方设法黏在一起，真的好开心、好幸福。没多长时间，这事被我父母知道了，他们极力反对，担心影响我的学习，就逼我转学，把我转到了外市一所高中就读，离家足有一百多公里。高中时期学习本身就紧张，加上新环境需要适应，我们联系逐渐少了；但我们私下相互鼓励，要专心学习，等彼此考上大学再联系。高三阶段，为备战高考，学习特紧张，没时间也没空闲想这事。再后来，我考上了大学，听说他没考上，也没再复读，不知道去哪儿了，我很难过。

大学毕业后有了工作，我总想着他，有一天他会出现在我的面前，我一定会嫁给他。他像人间蒸发一样，始终打听不到他的信息。恰巧那时我现在的丈夫也在追求我，现在想起来，后悔极了，咋能这么傻？什么先结婚后恋爱，全是扯淡。至于什么爱情没一点感觉。结婚后，他对我很好，处处让着我、哄着我，我总是不领情，时常没事找事，稍微不称心，就对他发脾气。他呢？一次次谦让，从不和我争吵、争辩，我认为他这样，都是应该的。我有时还故意刁难他，但他从不跟我发脾气。我这样蛮不讲理，一句话：就是想逼他提出与我离婚。我认为，没感情的婚姻是很痛苦的，但我丈夫不这样想，他对我说：现在你任性，等你老了就知道什么是幸福了。所以，他就不提离婚。他对我这么忍耐，没办法，离婚我没借口，也说不出口啊，但想离婚的想法在我心里一直存在。

今年春节回老家和同学聚会，没想到在聚会时，见到了高中时的那个他。看到他，怎么也控制不了自己的情绪，我哭了。我清楚地看到他眼里也含着泪花。这么久一直牵挂的人，现在才出现，我不知道是喜是悲？老师，说实话，我还是没有忘记他，还想和他在一起。他结婚了，也有了孩子，我该怎么办？这件事折磨着我。自从见着他以后，这一个多月来，我心里一直想着他，中间我们也联系了几次，但他是个有责任心的人，他很慎重。可我怎么都忘不了他。我想挽回这段感情，回到他的身边，至于经济，没问题，在哪儿我都可以找到工作。至于家里，我不管他，我要活出自我，找到属于自己的幸福。

绘画回溯·印证

房：房子稳固，但带有黑色，与家中丈夫对她很好和她不喜欢相对应。

房体侧面笔触加重、房体正面右侧上部向内多一横线，以及带两个点的双扇门，与她有婚外恋情相对应；侧窗，与她有想逃离家庭的想法相对应。

树：树上有两个红色又用黑色勾勒的果实，与她内心的纠结相对应。左侧树冠与树体不连接，与她想重操旧情、对未来的不确定性相对应。

人：来访者一只脚穿着鞋子，另一只脚赤着，兴致勃勃地前行，与她急于离开家庭的天真想法相对应。

初步评估：一般心理问题

一般心理问题是由现实因素激发，持续时间较短（不良情绪不间断持

续一个月或间断持续两个月仍不能自行化解）、情绪反应能在理智控制之下，不严重破坏社会功能、情绪反应尚未泛化的心理不健康状态。

本案中，来访者在同学聚会时遇到初恋，旧情复发，想破镜重圆，遗憾的是各自都已成家，为此事，内心纠结，非常痛苦，事发已有一个多月。故诊断为一般心理问题。

结束语

通过对来访者的认知治疗，她明白了学生时期朦胧的爱只是喜欢，只是异性之间情窦初开的相互欣赏，不是真爱。

有缘相聚，无缘结合，昔日的情愫，应化为美好的记忆；要珍惜现有家庭，用真正的关爱，善待自己的丈夫，守住做人的底线，夫妻恩爱，家和万事兴。

逃婚

——恐婚心理

“有人在吗？”随着一阵敲门声，一个急促的声音传来。

“请进！”没等我站起来。

一位二十多岁面目清秀，看上去稍有些憔悴的女子闯了进来，看看周围没其他人，走进我，问道：“你是刘老师吗？”

我点点头。

她急切地说：“刘老师，请您帮帮我，我是从娘家逃出来的，今天是我结婚三天回门的日子。我来您这儿是想先咨询一下，看您能不能帮到我；如若不行，我就赶紧去火车站离开这里，不让家人找到我。”

这个女子神色匆匆、十分着急，我示意她坐下，安慰她说：“没问题，我会帮你。静下心来，别着急，咱们先做个绘画测试。”

绘画浅析

房

画的是平顶房（平顶房代表想得到收获），房上有一个点（代表得到很少），房顶整体结构不连接，且与房体脱节（若此房是原生家庭，表明父母离异；若是当下家庭，代表夫妻分离）。

房体不规整（房体一般代表母亲），前墙墙体地基挖得深（是指来访者母亲极力想稳固家，但只是一厢情愿），右面墙的搭建不合常理，原有的地基没用，右侧墙砖与后墙中间交叉（可能是来访者母亲二次组建家庭）。

门上了锁（指来访者有打不开的心结，不愿去接受其他情感），半扇棕色窗在正面墙的左上角，屋内光线不充足（代表来访者在家仅得到了一部分关注）。

树

看似是灌木却不是灌木，灌木没有明显的主干，而这棵树有明显的主干，树干笔直、粗壮（代表有能量，自信心足）。这棵树人为地被塑造成了矮化观赏树（代表来访者从小到大都被人管束）。

树冠从底部长成，并结有果实（表明来访者有自己的目标）。树冠与树体断开连接（表示来访者对现在与未来有不确定性）。两大根系，左侧较细、扎地稍深，右侧扎地肤浅（指现实生活中有诸多不顺，想求得更多的安全感，有恐惧心理。）

人

人画成绿色（代表来访者要求上进，要活出自我）。

画上的人物是一个女子，身穿短裙，头上戴着一顶带耳帕的帽子（代表来访者想遮住些外界的声音），没有耳朵（不想听），眯起的双眼一高一低、斜视（自以为是、轻视他人）。

肩膀成了滑肩（代表她压力大，支撑不住）。两只胳膊用力支撑，左胳膊用虚线构成（可能肢体受过伤），并且攥着拳头（表明想抗争）；右胳膊有被拉扯的迹象（指来访者对强迫做事不喜欢），攥着的拳头藏在衣袖里（表示她已有主见）。

我23岁了，今天回门，我是趁着家里人和他（丈夫）说话的空儿跑出来，之所以这样做，全是我妈逼的。结婚对于我来说，是一件极其可怕的事情。

我四五岁时，爸妈经常吵骂、打架；爸爸下手很重，拳打脚踢，边打边骂。好像每次打架，妈妈都被打倒在地，有几次妈妈头都被打出血来了。当时，我恨爸爸，这么狠心打妈妈；好想帮妈妈，可我不敢，就躲在墙角抱着妹妹一起哭。后来爸爸做生意在外有了别的女人，与妈离异后，他很快又结婚了。由于生活所迫，妈妈带着我又找了一个伴，年龄大、家庭经济条件不好，也一直吵嘴。别人瞧不起我们，说我是带来的，是拖油瓶；说我亲爸爸是花心萝卜，作风不好；又说我长得像爸爸，以后也好不到哪儿去。听到这些话，我的心好痛。这些语言，我一辈子都不会忘记。所以我不想结婚。

随着年龄增长，我到了谈婚论嫁的年龄，妈妈不征求我的意见，非给我找对象，我不同意；妈妈强势不论理，这桩婚事是她自己同意定下的，刚开始商量婚事时我就不同意，她哭闹、寻死赖活地要上吊，我实在没办法，不得不订婚、结婚。你知道吗？老师，我真的很恐惧结婚，别说一辈子，就是一天我也受不了。一提到结婚就想到了我亲爸爸怎样背叛妈妈，我烦男人，我讨厌天下所有的男人，宁愿出家做尼姑，也不愿结婚和男人生活。

比如：我应聘工作，条件是上班的地方必须都是女的，找了好多家才成。吃苦受累我不怕，钱多少也无所谓。可能你会问我为什么？我真的不知道是为什么？反正对男人都反感，和同事在一起聊天，谁若问我男朋友

时，我感觉就想杀人。

结婚，应该是人一生最喜庆的日子，我就是喜欢不起来。当我被迫结婚到了那个男人家（婆家），看到婚宴乱哄哄的场面，又看到站在我身边的男人，心里那个难受劲儿没法形容，就想逃离那个地方。尤其是洞房花烛夜，他想拥抱我，我感到恶心，我不相信男人的甜言蜜语。当时就觉得他是一个十足的流氓，瞬间，脑海里浮现出爸爸和妈妈吵骂、打架的情景，我认为天下男人没有一个好的。他想亲吻我，我就用力推开，如果他强来，我就死给他看，也不会让他得逞。可能他被我的冷酷表情吓呆了，不敢再靠近我。在他家三天，晚上我都是穿着衣服，一个人躺在床上盼着天明，盼着三天回门趁机逃走。终于到了回门的日子，当时很兴奋，就像要逃离魔掌似的。至于以后咋办？我不知道。在娘家住也是暂时的，去亲戚家躲，也不是好法，他们都不会收留我。

在结婚的第二天，我就给妈妈打电话说我想离婚，她一听就恼了："你怎么这么像你爹？你离了婚，即使你们没在一起住，也是离过婚的，再找也找不到好的。你不要任性胡作，你以为你是谁？你是被我带来的，是拖油瓶……"这些话再次刺痛了我。我知道，离婚是离不了的，妈妈不同意，我只有离家出走。至于以后该怎么办？我也不知道，就想到了心理咨询。

绘画回溯·印证

房： 来访者四岁多时父母离异，和画中的房顶与房体分离相对应。
母亲再婚，和房体右侧墙砖与后墙中间交叉相对应。

树： 母亲一意孤行，自主安排孩子的婚姻，与矮化观赏树相对应。

人： 决意逃婚，与攥着拳头相对应。
不听家人劝解，与右侧胳膊被拉扯相对应。
厌恶男人，与眼睛一高一低、斜视相对应。

初步评估：恐婚症

恐婚症是由外界环境给未婚者造成的一种心理恐惧状态，缺少家庭稳固安全感，逃避事实婚姻，对所有异性一贯的排斥，严重影响了其社会功能。

本案中，父亲的婚外情，导致家庭破裂，之后他们又各自成立了新的家庭；继父与母亲的不和谐，这些问题造成了来访者对所有异性的排斥，并已泛化。为此，诊断为恐婚症。

结束语

家庭和谐对孩子的成长非常重要。如果孩子自幼生活在一个吵闹不休、打骂不止的家庭环境中，长期受负面情绪影响，在意识与潜意识中就会留下阴影，对其内心造成严重伤害，产生对婚姻的不信任，导致恐婚，甚至终身不婚。

作为孩子来讲，原生家庭无论好坏，都无法改变，原生家庭不是成长的全部。我相信：在原生家庭中受过伤害的孩子，肯定不愿复制像父母一样的生活。只有一切从我做起，由怨变成理解，由理解变成感恩、宽容，才能拥有快乐的生活。

年轻妻子错在哪儿？

——偏执型人格障碍

初夏的一天，一男一女来到咨询室，要求做咨询。

他们在我的对面坐定。女方，圆圆的脸，扎着一束马尾辫，大大的眼睛，看似很有个性；男方，个子不高，瘦瘦的，敦厚老实，似乎又透出一些精明。两人之间的间隔稍远，并有拘谨感，说是朋友不像朋友，说夫妻又不像夫妻那么自然，我看了看他们，问道："你们谁做咨询？"

"我。我叫王兰，他是我离异前的丈夫，我感觉婚后他变了，他变得特别懒，经常不打扫卫生，我尤其排斥他这一点。因为观念不同，我们常为一些鸡毛蒜皮的小事争执不断，他婚前和婚后的表现判若两人，我感到事事不如意，这日子没法过，主动提出了离婚。离婚后，我又感觉心里空落落的，似乎还有一些割舍不下的情感。

一次我们见面，说起此事，他也有同感。如果复婚，又担心像以前那样吵闹不休。前天他给我打电话说，要求我再给他一次机会，这也正合我意。为了复婚后能把生活打理好，我主动要求做心理咨询，他愿意陪我一同来。"

按程序要求，让王兰画一幅房、树、人的心理测试画。

绘画浅析

房、树、人画在纸张的左下侧，布局不均，代表来访者眼界不开阔，看问题不全面，心胸狭隘。

房、树、人整体用黑色铅笔绘制，表明来访者有抑郁情绪，心情不佳。

房

房，画在纸张的中心位置，房体结构落笔较重（代表家在她心目中的重要性），稍有倾斜（家不稳固），房顶上有曲线（代表来访者对丈夫不满，有情绪）。门、窗呈阴户状（代表有女性气质或性需求）。房在人的头部上方（代表来访者对家失而不舍，并存有压抑感）。

树

树干粗壮（能量足），树冠小（事业心不强）。树冠中心空白（指没有目标），树冠呈锯齿状（代表当下情绪不稳、做事刻板）。树干底部左侧稍有缺失（代表来访者幼年有爱的缺失），树没有地平线和根（表示来访者缺乏安全感）。

人

头大（压力大），头发直立（脾气急躁），两耳竖起（想听到更多的信息），两只眼睛不在一个水平面上（爱挑刺），嘴形呈“√”形（认为自己所说的话绝对正确）。肢体像儿童（表明幼稚），腿弯曲，身体前倾（指用尽全力），握拳、顿足、举臂（代表负面情绪过大，表现出愤怒和抗议）。

我看着画给她解析，她边听边不停地点头，说：“老师，您说的都对。一幅画就能看出那么多问题，真神！”她的前夫也很认可画的解析。双方一致要求将咨询做下去。

结婚后，我不想与公婆住在一起，想有个属于自己的家，这样清净方便。因为买不起房子，在外租了一套小房，我们俩单过。我是做护理工作的，喜欢干净。只要看到房间脏乱就心烦，每天把家整理得干干净净，看着舒心。我有夜班，有时累不想干了，想让李伟打扫收拾一下，起初，他还愿意帮助做做，尽管做的我不满意，毕竟做了。再后来，一点儿也不做了，还说不会做。我说：你不会我教你。但我教他也不做了，再累也是我整理。老师，护理工作是很累的，我不想做家务，还得去做，感觉憋闷、委屈压得我喘不过气来。我太想让他帮我收拾家务了，他自己不做，还不让我做，在家他老是黏着我，整天往我怀里钻。有时我空闲，也想和他亲热一下，他不高兴时，就会不耐烦地把我推开。我很生气，他想依赖我就依赖，我依赖他一会就不行吗？我只是想让他关心我、爱我、体谅我，帮我分担些家务罢了。我需要的是帮我的男人、丈夫，而不是小孩，他连这点都做不到，让我很失望。

婆婆家的人也不行，靠不住。

婆婆做好饭，老是叫我俩回去，我认为婆婆多事，烦死了，我们有自己的小家，为啥叫我们回去？总是打扰我们。打扫卫生时，有时想让婆婆帮帮忙，她都会说没有时间。我听了，心里很不舒服：你没事跳舞有时间，出去玩有时间，帮我一把就没有时间了？不帮我就是不喜欢我呗。

婆姐也很差劲，有次我生病住院，正打着吊针，婆姐来看我，她在病房里待了一会，说有事要走。丈夫送她到门口，我看见她把钱扔在屋里，关上门就走了。我不理解，想给钱怎么不直接给我？还把钱扔在地上，我又没向她要钱？哪有这样给钱的？不情愿就别给，这样不尊重人，我哪里得罪她了？后来丈夫说：姐本来是想给我们钱的，我不要她硬要给，姐是真心实意地给钱，是因为我没接住掉在地上了。我不信婆姐有这么好，是我丈夫故意这么说的，让我感恩他姐。为此事，我俩大吵一架。

后来，发生了很多不好的、不愉快的事情，我就决定离婚，不跟他过了。我们在一起怎么这么多烦心事？在民政局办理离婚手续时，让签名按手印，我抬头看看他，他没有一点反应，甚至连看我一眼都没有，让我伤心极了。若他当时能说一句：别签字按手印了，咱不离了，回家，我可能就不会坚持离婚。他呢，一个挽留我的眼神、表情都没有，他根本就不喜欢我，心想：离就离！

离婚后，谁知道我们还互相想着对方，想在一起，又担心原来不愉快的事情重演，再发生争吵怎么办？现在的我，简直快崩溃了。

绘画回溯·印证

房：房子稍有倾斜，与来访者家庭不稳固，对家弃而不舍，有矛盾心理相对应。

房顶的波纹，与对丈夫不满、有情绪相对应。

树：树冠呈锯齿状，与对丈夫、婆婆、婆姐都有抵触情绪相对应。

树干粗壮，树冠中心空白，与她工作没有具体目标、把精力都用到指责、排斥别人方面相对应。

人：头像大人、肢体像儿童，与她生理年龄与心理年龄不匹配、做事幼稚相对应。

握拳顿足，与情绪发泄相对应。

初步评估：偏执型人格障碍

评估依据：

1. 偏执型人格障碍显著特点，是猜疑和偏执。

2. 其行为特点常常表现为：极度的感觉过敏，对侮辱和伤害耿耿于怀，思想行为固执死板、敏感多疑、心胸狭隘；公开抱怨和指责他人；自以为是，自命不凡，对自己的能力估计过高，惯于将失败和责任归于他人，在工作和学习上往往言过其实；同时又很自卑，过高地要求别人，但从来不信任别人的动机和愿望，认为别人存心不良等。

本案中，来访者的叙述，在认知、情感、行为、人际关系上有异常偏离。如“婆婆做好饭，总是叫我俩回去，我认为婆婆多事，烦死了，老

打扰我们；她出去玩有时间，帮我一把就没时间了？不帮我就是不喜欢我呗”“我不信婆姐有这么好，能拿钱给我”“我只想让他关心我、爱我，体谅我，帮我”等。这些与偏执型人格障碍的评估标准相符，故评估为偏执型人格障碍。

结束语

经过几次心理治疗，来访者明白了自己原有的认知是错误的，思维也是异常的。她表示愿意积极配合，逐步改变错误认知。

建议来访者要不定期地做心理治疗，调整思维角度，学会接纳他人。

性冷淡的背后

——心理障碍型性冷淡

上午十点左右，我在工作室与其他老师讨论案例治疗方案。

一对小夫妻走进了工作室，他们大约有二十多岁，丈夫心情低落，妻子一脸忧伤。丈夫说是来做咨询的，在网上查到了快乐心理咨询中心的评价比较好，没有预约，就直接从县城赶过来了。

“你们俩，谁做咨询？”我问。

“给她做”丈夫用手指着自己的妻子，“先给他做”妻子也指向对方，他俩不约而同地说。

“先给她做，她性冷淡。”在旁边的丈夫急了，脱口而出。

工作人员把妻子领进咨询室，让她画了幅房、树、人。她画得很快，大约五六分钟就画好了。

绘画浅析

房

三角形的房顶，房顶向右偏移（代表丈夫的需求得不到满足）。

房体右侧下方有重笔衔接（指夫妻俩有矛盾冲突，经常会发生口角）。左窗画的不规则，有重笔涂描（指有部分爱的缺失）。双扇门中心看似有两个点，细细观察，是一个半圆形和一个重笔短线条（表示夫妻双方在情感方面的需求不同）。门的两侧有重笔修复（虽夫妻之间有矛盾，但都为家的稳固而努力）。

树

树没有根（指来访者缺乏安全感），而且树体下端的左侧有一段缺失（是来访者幼年有爱的缺失），在树体下端缺失处又多加了一个线条（是指他人帮扶来访者长大，给予爱的关怀）。

树体是棕色的（棕色在此表示沉稳），树体画得很直（代表来访者个人成长比较顺利）。树体的顶端分叉处有重笔现象（代表最近遇到挫折），顶端枝条纤细（指能量不足，自身能力有限）。

树冠是绿色的（代表内心渴望成长），树冠右侧云状波纹比左侧的多（是当下情绪不稳），右侧树冠与树干断开连接（对当下没信心，不愿考虑其他事情）。

人

来访者画了一幅男的肖像（代表来访者有男子气质或丈夫在她心目中占有很重要的位置）。

头大脖子细（压力过大），头发乌黑（代表考虑的事情过多，理不清头绪），两只耳朵（想听别人的说辞），两只眼睛画成了两个点（说明看问题不全面），两只眼一高一低（是自以为是），点状鼻子（是有自己的想法），嘴巴紧闭（不想说）。

小臂与手用力外甩（代表拒绝），下身裆部重笔（是性方面出现了问题），有腿无脚（指行动多有不便）。

我将此画大意讲与来访者，她听后，泪水顺着脸颊流了下来。过了一会儿，她才抬起头，谈起了自己的具体情况。

我是二婚，年龄比他大。我们现在有一个孩子，一岁半了。

我姊妹3个，一个哥哥一个弟弟，一岁半我就被送到姥姥家，八岁多才把我接回家。长大后一切听从父母安排，第一次婚姻，是父母包办，因性格不合，导致闪婚闪离。

第二次婚姻是自谈的。我们当时都在县城的一个公司上班，相识相爱。起初他的父母不同意，嫌我是二婚，后来他一直坚持和我在一起，他的母亲不得不同意了，经过努力争取，我们终于走到了一起。

婚后，他出去和他父亲在浙江打工，学做销售，挣了不少钱，都交给了他的母亲还账。因为她父母做生意赔了，他想帮忙还账，我理解，可多少得给我点吧。我在家带孩子，没上班，也没有收入，他说让我没钱时向他母亲要。我怎么好意思开口啊？她是我婆婆，又不是我妈。

我想出去工作挣钱，但没人帮我照看孩子。为此事，我与他母亲争吵过，她说话很难听，还说我是二婚。

我认为在丈夫心中，只有他的父母，我倒像个外人。有时真想与他离婚，我妈劝我要多想想孩子，这才暂时打消了这个念头。但我对他的心已经冷了，丈夫回来，想和我亲热，我很排斥，连手都不让他碰，更别说过性生活了。又想想，这样下去也不是办法，家还得过下去啊。

今天之所以来这儿咨询，就是看能不能解决我俩之间的矛盾。若解决不了，我还真得离婚，因为我实在承受不了了。

绘画回溯·印证

房： 房顶向右偏移，与丈夫对妻子的需求得不到满足相对应。

双扇门中心有个半圆形和一个重笔短线条，与妻子自生过孩子后，夫妻没有过性生活相对应。

门的两侧有重笔连接，与夫妻情感出现问题相对应。

树： 树体下端的左侧有一段缺失，与幼年没与父母生活在一起，缺少父母的关爱相对应。

在树体下端缺失处又多加了一个线条，与被送到姥姥家抚养相对应。

人： 头大、头发浓密，与来访者是二婚、得不到婆家人认可、没有经济来源，感到压力较大相对应。

小臂与手用力外甩，下身裆部重笔，与性冷淡相对应。

初步评估：心理障碍型性冷淡

心理障碍会导致性冷淡。如夫妻沟通不畅、人际关系紧张、生活悲观失望等诸多不良因素，长时间的压抑，都可能造成性欲减退，从而导致性冷淡。

本案中，来访者的丈夫外出打工，妻子在家照顾孩子、没有收入，丈夫将挣到的钱全部上交于他的母亲。妻子尝试与丈夫沟通，但丈夫置之不理，妻子非常反感。长时间负面情绪的压抑，得不到缓解，导致妻子性趣减退，出现性冷淡。故诊断为心理障碍型性冷淡。

结束语

本案中，出现这个问题的主要原因是夫妻之间缺少沟通。

丈夫做事只重大体、忽略细节，不会关爱、体贴妻子，造成了夫妻之间的误解，时间长了，妻子的心就冷了，哪里还有“性”福可言。感情是婚姻的基石，需要夫妻双方用心栽培、发展和维护。

建议：妻子遇事要直白表达；丈夫尽孝没错，尽孝的同时，也要考虑到妻子的感受，双方都要兼顾才是。

做完第一次认知咨询后，我又让来访者画了第二幅图，对比一下咨询效果。

第二幅画中的房子很稳固，左右窗对称；门也由双扇变成了单扇门，情感问题基本解决了。

门前有了路，路一直延伸到树（树代表自我，来访者愿意走进这个家）。树干顶端的能量打开了（指对生活抱有新的希望）。右侧树冠与树干连接（指来访者当下问题已解决）。

人： 像毡帽一样的头发变成了发丝，头上的压力减少了，脸上有了笑容。一只胳膊向前伸出，伸开手掌，另一只胳膊自然下垂。由第一幅画中的拒绝变成了接受，主动想牵手。下半身画成了一体，两腿之间的重笔没了，困扰她的有关性方面的问题已基本消失。

后记

由于他们是外地的，离咨询的地方较远，来一次不容易，在来访者的要求下，当天下午又给她丈夫做了咨询。

经过两次咨询，他们各自改变了原有的错误认知，从婚姻的迷茫中挣脱出来，明白了婚姻经营之道。走的时候，他们非常开心，手拉手站在一起，深深地向我们每个咨询师行礼、鞠躬，表示感谢。

人生咋就这么难

——中老年一般心理问题

远在北京的老同学前几天给我打电话，说她老家的表妹心理出了点问题，让我帮助看看，给她做做心理疏导。我给她表妹预约周三上午。

周三上午大概十点左右，同学表妹夫妇来到工作室。

她表妹大约五十岁左右，看上去有些憔悴，举止迟缓，眼睛下瞟，表情恐慌紧张；男的比较苍老，但从精神状态上看比同学的表妹有精气神，看得出他在家是主心骨。

两人相继坐下，男的急着要讲媳妇的病情，我笑着对他说：“你暂时不要讲，我让你媳妇先画一幅画，待她画完后，我讲给你们听。这种诊断手法，犹如中医把脉、医院里的CT，能看到内心不为人知的问题；也许说的不一定全都正确，如哪个地方讲解的不对，你们一定要提出来。”他们听后，很乐意接受。

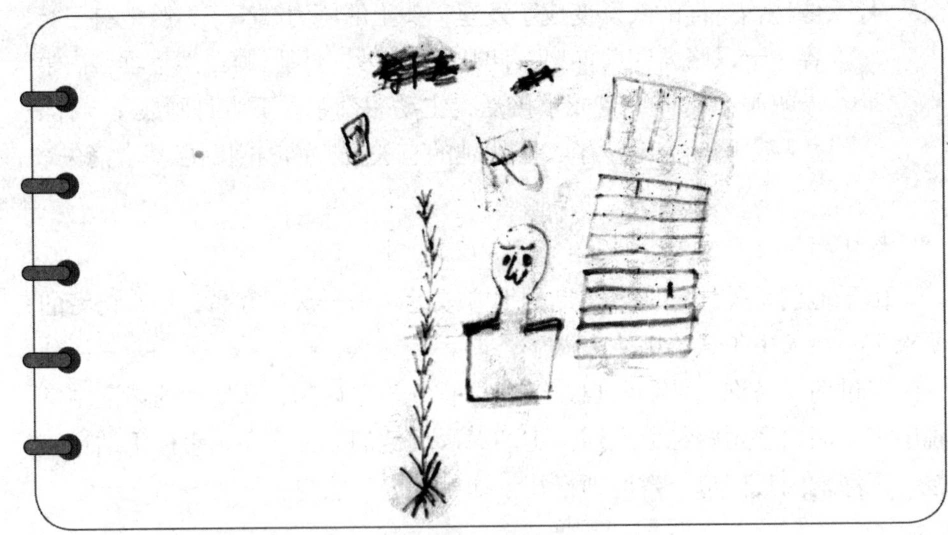

绘画浅析

房

房子呈条状（条状代表楼房，意思是来访者向往城市生活），横条上有一竖着的短线条（指来访者想在高楼大厦中有一立足之地）。

树

树的色彩是由紫色、红色、黑色组合而成，多种色彩的组合显得复杂、矛盾，处于冷暖之间游离不定的状态（此处代表来访者心态不稳，有矛盾心理）。

树画成枝条形状（代表能量不足、缺乏自信，整个成长过程多有不顺，成长中缺少依靠与关爱）。

人

人画的不完整，只画了上半身，没有四肢（说明来访者认知不完整，没有行动力，或她有生理性问题）。

方正的肩上有两条横线（代表来访者目前承受着双重压力，仍在努力支撑）。

没有头发（是考虑问题简单，还有可能是排斥同性），头上有一个点（代表来访者有时会头部不舒服或睡眠质量差）。

眉毛浓、皱眉、眉间距近（代表心胸狭隘、看问题不全面），眼睛下探（关注自我），鼻子大而倾斜（代表偏执）。

没有嘴巴（是情绪低落、不愿与人沟通，或有话又无法表白的纠结，这些都是内心压抑的表现），没有耳朵（是听不进或不想听别人的任何建议）。

我对画的分析，来访者非常认同。

我家在农村，幼年时双亲健在，感觉很幸福。七岁时父亲去世，妈妈带着我和哥哥一起生活，一路成长有诸多不顺。

长大后我结婚生子，现在大儿子已二十五岁，正说媳妇，农村订媒彩礼高，还要求在县城买房，若达不到条件，女方就会拒绝结婚。二儿子也二十一岁了，他们结婚都要用钱，虽说给孩子操持婚事是父母的责任，可上哪去弄这么多钱？为此我的压力很大。

现在我们都在县城打工，努力挣钱。但我现在身体不好，丈夫和孩子都心疼我，不让我干活，只在家做做饭。他们干活挣钱，我什么都不能干，很着急，长时间下来，心神不宁，虽然他们事事都顺着我，我也高兴不起来，不想与任何人说话。晚饭后躺在床上经常胡思乱想，常做噩梦；因休息不好，头昏脑胀，记忆力减退，有时说重复话，到医院也没查出什么病。

前天睡觉半夜醒来时，我迷迷糊糊地感觉：我们是住在娘家，丈夫是倒插门，一会儿又不确定。就推醒身旁的丈夫问："咱现在是不是住在我娘家？你是不是倒插门来我家的？"丈夫听后感觉不对劲，心里很害怕，担心我精神出问题。丈夫给家里的人打电话，说了我的情况，问谁在医院里有熟人。表姐回电说让我来找您。

绘画回溯·印证

房：儿子的对象要求在县城买婚房，来访者并不反对，遗憾的是资金不足，这些与楼房上的长点相对应。

树：来访者从小父母去世，和哥哥生活在一起，无依无靠，整个成长过程多有不顺，与枝条树相对应。

人：儿子的对象，要的彩礼太重，她看不惯这种风气，与光头（排斥女性）相对应。

来访者有两个儿子，都要结婚成家，感觉压力过大，与方正的肩上有两条横线相对应。

来访者很任性，家人事事都依附她，与大鼻子倾斜相对应。

每天心里很烦，不想说话，也不知该怎样表达，与画中无嘴相对应。

初步评估：一般心理问题

评估依据：

1. 由现实因素激发。
2. 持续时间较短（不间断持续一个月，间断持续两个月）。
3. 基本能维持正常生活、学习、社会交往，但效率有所下降。
4. 情绪反应在理智控制之下，尚未泛化。

本案中，来访者因两个儿子要谈对象，要的彩礼重，感觉压力过大（现实因素激发），心里很烦、不想说话，情绪反应能自我控制，尚未泛化，持续时间较短，能维持正常生活。故诊断为一般心理问题。

结束语

本案中，来访者因儿子结婚的彩礼不足，又必须要担起父母职责，为此感到压力过大，出现了躯体各种不适症状。晚间还经常做噩梦（梦是潜意识的化身），梦中出现娘家、丈夫倒插门等，是来访者潜意识留有幼年对原生家庭的幸福依恋。

童年时父亲去世，失去原有家庭的幸福，父爱的缺失，她会不断寻觅。丈夫比她大，娇惯她，她只得到了当下的依赖，但曾经缺失的父爱，是永远弥补不了的，自然而然就会出现那样的梦境。

至于孩子婚姻、她肚子不舒服、好忘事、说重复话等现状，我逐个帮其分析，做认知、意象等治疗，随着问题的逐步清晰、明了，她脸上渐渐有了笑容。咨询结束后，夫妻双方满意而归。

陪同孩子做咨询

——边缘型人格障碍

刚刚上班，一位大约五十岁左右的男士急匆匆地来到咨询室，要求给女儿做间接咨询。

男士说："我和她母亲已离婚七年多了，并各自再婚。因我们离婚，对孩子内心已造成伤害，我们再婚她肯定接受不了，所以再婚之事一直瞒着孩子。我们离婚后，她一直跟着母亲生活，后来初、高中又一直住校，对我们再婚之事也没有太多的关注。

今年她参加高考，高考结束后，她由学校搬回家住，发现母亲晚上经常不在家，此事引起了她的怀疑，她曾多次问母亲：为什么总是不在家住？她母亲很尴尬，借口在医院上夜班不能回去住，她就嚷着要去医院查看，遭到母亲阻止。这件事让她心情不好，烦躁不安，情绪极度不稳，经常哭闹、砸东西、自虐，搅得我和她母亲整天心神不宁。面对孩子这种状况，我们更不敢告诉她实情，怕她出现更强烈的过激行为。真是怕啥来啥，今天早上她就出现了异常行为，拿刀割腕。现在她母亲陪她去医院包扎，我们说好的，她过一会儿随母亲过来。她不知道这次是给她做咨询的。

我对她说的是，给她母亲做咨询，让她给咨询师谈谈对母亲的感受，她才愿意陪同母亲一起来咨询室。"

我问："你们之前到医院看过没有？"

他说："我们带她去北京看过医生，医生给开了药，并建议在本地长期做心理咨询治疗。"

正谈话间，那位母亲带着女儿来到了工作室。

那个女孩，个子高挑，气质较好，但一脸的冷漠、孤傲，一看就是个极有个性的孩子。

“听你爸说，你妈要做咨询，咱们配合一下，因为你和你妈在一起的时间比较多，了解的也比较透彻，你把自己对妈妈的感受讲一下，咱们只有这样，才能更好地让你妈发现自身问题，来改变自我。”在我的引导下，她表示愿意配合。

下面是她画的房、树、人。

绘画浅析

从画的整体观察：

有一座没有地基的危房，房子上方，有一个黑色线团似的不明物从天而降，砸向危房。房内的三人匆匆外逃，走在最前边的小人扭头向危房观望，一丝恐慌，一丝留恋，一丝惆怅。

树很大，心形的五彩树冠与树体、枝条的色彩反差很大。

房

房是蓝色（蓝色是冷色调），房顶上有波纹线（指来访者对父亲有情绪），屋脊有两个线条（可能是来访者有父亲和另一个充当父亲角色的人），右侧屋山上方有扇圆形窗（指来访者有艺术气质）。

房檐线条与右侧房体线条交叉，但不是一个整体（表明夫妻离异，但夫妻之间还有联系），正面墙无窗（来访者从内心深处没感受到父母的关

爱），门向右倾斜，门框左上方不连接（属于危房，同时也代表来访者有严重的恐惧心理），右侧墙上有一扇窗（代表来访者不愿面对现实），房子整体没有地平线（表示家已不复存在）。

人

三个简笔画人迈开大步，朝房外走去，三个人头部轮廓画的都不太完整。小人头部线条不连接（代表来访者时常出现头部不舒服、失眠等现象），缺失五官（不敢面对现实，也是逃避现实的一种显现），向后扭头观望（表明她对家还有眷恋）。

树

树画得很大（关注自身成长），树冠呈绿色（绿色代表积极向上），树冠的中心呈黄色（黄色属于暖色，表示来访者内心深处渴望得到关爱），树冠外围是由从上至下的数条曲线构成（曲线代表情绪不稳）。

树体呈棕色（指生命力较弱），树体内有黑色曲线缠绕（代表来访者的整个成长过程，均受不同程度的负面影响，其内心受到严重伤害）。树体上端左侧树皮脱落（经量化，来访者 16 岁左右出现严重心理问题）。

树的每个枝条都由棕色、绿色和蓝色（绿色代表积极向上，蓝色是心灰意冷，棕色是退缩）绘制而成（代表来访者思维混乱），主枝条下部三分之一处绿色着笔较轻（学业上不思进取），主、侧枝的枝条顶端被折断（指学业已中断）。

小时候爸妈离婚，我判给了妈妈。此后，在我的世界里没有爸爸，从没听妈妈提起过他。上初中时爸爸去看我，我感到很不适应。我特别羡慕别的同学的家庭，有爸有妈，多幸福啊！我对自己的父母很失望，要是能换换父母，多好！我们班也有同学父母离异的，她们诉说自己的痛苦，但我从不将父母离异的事告诉同学，我怕同学用异样的眼光看我。

高一时，我开始出现自闭，曾两三个月不怎么说话。在校，上课时走神，下课就坐在座位上发呆，周末在家也不说话。妈妈非带我去医院检查，医生说是抑郁，开了药，我拒绝吃药。

高三时报考专业时，我和一个朋友都想报金融专业，朋友的妈妈能帮她分析、指导，而我妈妈呢？只说了一句“你想报啥就报啥，我支持。”我要的是这些吗？我要的是指导。我感到失落、失望，失望到心碎，她跟我同学的妈妈差距太大了。我妈什么也不懂、自以为是，不仅不学习，还把她谈的男朋友带回家，想让我接受，但我觉得他不适合我妈，我想让她找一个能指导我和妈妈生活的人结婚。

这事，我给她提过多次，她会改吗？幼稚、单纯。不改，去死吧！

我就要做个像姥姥一样的人，做个妖魔鬼怪，就能得到自己想要的。她就是这样的命，前半生受姥姥控制，后半生受我控制。

她控制不住自己的情绪，说着哭着，声音越来越大。

现在只有我一个人在家，她一个多月没回家了，我每天都很焦虑，什么也做不下去，晚上经常睡不着觉。有时给她打电话，她不想听就把我的电话拉黑，她拉黑我，我会更焦虑，有时烦的都想砸东西。我要求并不高，只想让她每天回家住，陪伴我，像小时候那样爱我。

我结婚后，一直住在娘家。我妈的脾气不好，比较强势，喜欢控制人，丈夫看不惯她的所作所为，他们之间经常吵闹不休。每当他们吵架时，孩子都很恐惧，瞪着眼睛，默默站在一边，不知所措。我和丈夫也经常发生争执，因性格不合，在孩子五岁时我们离婚了。

我因为工作忙，没时间照顾孩子，她小学、初中、高中都是寄宿，我只有周末才去看她。

高一下学期，她就开始发脾气，对爸爸不满，对我也不满，对任何亲人都排斥。高考结束后，她与我的矛盾升级，要求我每天晚上在家陪她住，认为她所有的问题都是我一人造成的，让我一切都按她的想法做，条件是让我赶紧找一个令她满意的人结婚。否则，她就什么也不做，就那么干耗着，即使大学通知书下来，她也不会去上学。

在家，女儿与我说话的语气，就好像她是家长，我是孩子，天天对我重复同样的话"你改吗？不改，去死吧！"有时还与我发生肢体冲突，我也受够了，现在一点都不想见她。

绘画回溯·印证

房：来访者的父母虽离异但还有联系，与房檐线条与右侧房体线条交叉，但不是一个整体相对应。

来访者没感受到父母的关爱，与正面墙无窗相对应。

来访者父母离异后又各自成家，女儿唯恐被抛弃，产生严重恐惧心理，与画中的房门向右倾斜、门框左上方不连接、整体没有地平线相对应。

树：自幼父母离异、父母又瞒着她各自再婚，来访者内心受到很大的伤害，与树体内有黑色曲线缠绕相对应。

她高一时出现心理问题，与树体上端左侧树皮脱落相对应。

现在她已经休学，与主、侧枝的枝条顶端被折断相对应。

来访者情绪不稳，与树冠外围由从上至下的曲线构成相对应。

希望与妈妈在一起，得到关爱，与树冠中心呈黄色相对应。

人：父母离异，人走房空，与三个简笔画人向房外走相对应。

来访者出现头部不舒服、失眠等现象，与头部线条不连接相对应。

来访者在家不出门、逃避现实，与缺失五官相对应。

初步评估：边缘型人格障碍

边缘型人格障碍是个性、情绪、行为方式等异于常人的人格障碍。其最大特征是在认知、行为、情感方面表现明显的不稳定。

具体表现：

1. 自我概念不清晰。

2. 行为多变，对他人过分依赖、稍有不顺就会进行语言或人身攻击。

3. 把真实和想象混为一谈，对可能的抛弃十分敏感，常常处于抑郁、焦虑、恐惧的状态之中。

本案中，来访者自幼父母离异，后又瞒着孩子各自成家，致使孩子对父母的婚姻现状不清晰，在潜意识里有被抛弃的感觉，所以她把一切过错外归因。为寻求内心归属感，来访者对母亲采用依赖方式，稍有不顺，就对母亲进行语言、人身攻击，她常常处于焦虑、恐惧、抑郁的状态中。故诊断为边缘型人格障碍。

结束语

来访者边缘型人格障碍的形成原因，与其早年家庭环境、父母养育方式密切相关。

来访者童年时期父母情感破裂，吵闹成了家常便饭，各说各理，让她无所适从，无法将好与坏两级融合；父母离异，又瞒着她各自成立家庭，使她严重缺乏安全感，加之抑郁特质、情绪不稳，使她人格成熟的过程受到阻挠，以致造成来访者人格的部分分裂。

建议来访者积极配合心理治疗，改变错误认知，明白安全感是来自自己的内在，而不是外界，只有学会独立，才能更好地生活。

若能药物配合，疗期会相应缩短。

第四篇

精神病性问题

怪异的画

——精神分裂的男孩

上午，我们准备下班时，工作室的电话响了，打电话的是一位女性，声音很急促，开口就说：“刘老师，帮帮我的儿子吧，我儿子今年 18 岁，在家胡言乱语，尽说些不靠谱的话。听别人介绍说，你们那儿看心理病不错，想让您给我儿子看看，到底咋回事？今天下午我们能不能过去？”电话中透露出母亲对儿子病情的焦虑。经双方商议，把咨询时间定到了当天下午三点。

来访者母子非常准时，下午三点，母亲带男孩如约而至。男孩的个子很高，将近一米八〇，上穿一件黑色的短袖 T 恤，昂首挺胸，笑容满面，直接走到沙发前，不等老师让座，他已稳稳坐在椅子上，东瞧瞧西望望，目光不停地环视四周。

我走过去，将纸和彩笔递给他，叮嘱他画一幅房、树、人的画。可以随意画，只要不画火柴人就行。

大男孩接过纸和笔，不假思索拿笔就画。

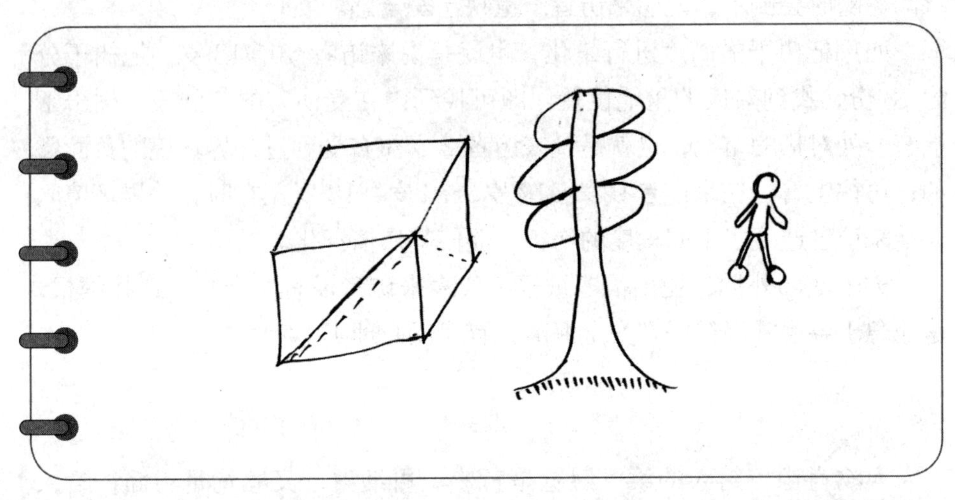

当我看到男孩的画时，愣了一下，我宁愿自己诊断有错，也不愿相信他患了隐形性精神分裂。事实总归是事实，不是不愿相信他就会改变，从多个案例中总结得出：类似加有虚线的透视房，最后的诊断结果都是一样，精神分裂症状只是轻重不一。

绘画浅析

房

房子的构思很独特、也很怪异，从房的整体布局来看，他画的房子无门无窗，只是一个正方体框架，这种图案多是思维偏移。框架多处重笔，线条轻重不一，用实、虚线把整体框架房分为两个部分。正面的对角线处，重笔线条实中有虚、虚中有实（这是代表来访者思维紊乱，有矛盾心理），旁边又出现一虚线（代表进一步强化。意思是告知他人，房必须分为两块。大小不均是不合理的，这说明在来访者的潜意识里早已注入了父母的偏心及分配不均的想法）。

树

这是棵无名树，形状很少见。树冠是由三个椭圆体组成。树干顶端被折断，形成树的能量无法上攻，反而形成能量反流，能量在三个椭圆中来回循环，致使来访者思维受控，病情泛化，不能自拔。树根系是绒根，没根的树随时会倒下，说明来访者严重缺乏安全感。

如果把树干的高度进行量化，也就是说来访者今年 18 岁，把树干分为 18 份，找到对应的重笔位置，即可找到内在受伤害的年龄段。树干下端有一处对称的重笔，也就是说来访者 2 岁左右受到过外界环境的负面影响；再往上看，在来访者 9 岁、13 岁、16 岁、18 岁左右时，外界环境同样给来访者造成了不同程度的伤害，促使其病情泛化。

树干底部外抛，扎出很多绒根（代表来访者没有安全感，树扎绒根，是他急于寻找并渴望得到安全保障，有恐惧心理）。

人

人物肖像，给人的第一感觉是背影。再细看，又感觉是正面，给人

一个模棱两可的悬念（在此表明来访者前行没有定向）；头部，只画了一个轮廓，没有五官（代表没想法，思维空洞或精神方面出现了问题）。头部轮廓有一多余的线条（是内心的固化或创伤）。没有手，不知道要做什么。脚太大，细看又不像脚，倒像脚踏风火轮，他急匆匆地赶路，要去哪儿？他本人也不知道，因为来访者没方向、没目标，给人的感觉是茫然、焦虑。

为了再次求证对画分析的准确性，我指着近似正方体的房子，问来访者："这画的是什么？"

他说："我画的房子"

"为什么没门呢？"

他回答说："我不喜欢。"

当我想再求证问下去的时候，他已跷起了二郎腿，得意扬扬地，自娱自乐地翻白眼斜视着我。我同时默默地看着他，观察着他是否还有其他的反应。

大概过了一两分钟的样子，他就开始坐立不安，然后站起来看着我说"老师，你说的我都懂。我什么都懂，真的。只是我给别人说时，他们都不信，说我胡言乱语，我感觉你会听我说。老师，您认识俺初中的校长吗？她长得好漂亮，我上初中时，那个女校长亲自找我谈话，她说特别喜欢我，说我长得帅。经常叫我去她办公室，现在我真的好想她，她肯定也在想我，我知道的，她不会把我忘了。对了，前几天主席来了，你听说吗，我们还在一起交谈呢……"

大男孩很是激动，手舞足蹈，情绪亢奋、思维奔逸、滔滔不绝，讲话不着边际。我曾几次插话，企图转移他的话题，看能不能终止他的谈话内容，然后再把他慢慢引入正常思维，我知道这根本不可能，自己的想法是不切实际的，但因慈悲心的促使还想再试试，可不行，不管我再怎么耐心引导，他都不按我的思路走，为此只好作罢。

我走出咨询室，与来访者母亲做了沟通交流，进一步了解家庭及孩子的成长史。

孩子是双胞胎，弟兄两个。因为生意忙，两个孩子我照顾不了，就把他送到老家，交给孩子的奶奶抚养。他奶奶平时不爱说话，也不喜欢串门，就在家照顾孩子，很少带他出去玩，就这样一直把他带大。孩子初中毕业时，他奶奶去世了，老家没人啦，只能把他接回来。回来后，他几乎不和我们说话，放了学就把自己关在屋里，吃饭才出来，我们认为是因为他奶奶去世心情不好，也就没太在意。

高考时，他分数太低，没考上大学，也不想再复读。我就让他到店里帮忙，他也同意。刚去店那几天，他只是不爱说话，其他也没感觉到他有什么不正常的地方。一天中午，没有客户，只有我和儿子两个人，我突然发现他一个人自言自语，说某某领导见他了，给他说了好多话等。后来，在家我也发现几次类似的情况。以前是不爱说话，现在是说起话来滔滔不绝，感觉孩子有点不正常了。

我问来访者母亲："孩子奶奶家或你娘家，有没有人出现精神不正常？"

来访者母亲回答："有，他姑姑有精神病，一直没嫁出去，几年前犯病掉到坑里淹死了。"

问："孩子小时候，你们经常回老家看望孩子吗？"

答："店里太忙离不开人，回去也很少，平时我们给他们钱，够他们用的。"

问："孩子放假时来你这里吗？"

答："也接过，他不愿来，感觉和我们不亲，不想来也就算了。"

绘画回溯·印证

房：来访者弟兄两个，父母因为生意忙照顾不了，只能把老二留在身边，把老大交给他奶奶抚养。兄弟俩理应在一个家庭和父母生活在一起，只因父母生意忙碌而将兄弟分开，这种做法给来访者造成心理不平衡，这与用实虚线把正方体分为两部分相对应。

他认为这个家不是他的家，是他弟弟的家，所以闲暇时父母接他，他也不回家；从此父母就不再接他，他没感受到父母的爱，这与他画的房子无门无窗相对应。

树：他的正常思维受限，出现了自言自语等异常症状，与树的主干被折断相对应。

人：以前是不爱说话，现在是说起话来滔滔不绝，经常自言自语，想入非非，这些与头部轮廓有多余的线条、没有五官、脚踏风火轮相对应。

初步评估：原发性妄想

原发性妄想是突然发生的妄想性体验，内容不可理解，与当前处境和经历无关。原发性妄想的产生非常突然，以精神活动的不协调和脱离现实为特征，是精神分裂症的特征性症状。

本案中，来访者有遗传基因，自言自语与当前处境无关，精神活动不协调、脱离现实，故诊断为原发性妄想。

结束语

来访者精神不正常，原因有两点；一是有遗传基因。二是受外界环境刺激。假如父母不把孩子分开，一直生活在一起，这样就减少了外界环境给来访者造成的伤害，尽管有基因遗传，但也不能排除来访者的结果会有另一番景象。

建议来访者到正规精神病医院诊治，康复后期再做心理治疗。

神秘的来访者

——被害妄想

初春，阳光明媚，空气里依然弥漫着残冬的寒气。过往路人仍是戴着围巾、口罩、手套御寒，当然，我也不例外。

早上，我来到工作室，刚刚坐定。一位着装奇特、举止怪异的神秘男士，悄无声息地走进我的办公室。他高高的个子，身着黑色风衣，戴着一副黑色墨镜，较大的黑色口罩把脸遮得严严实实。看了看我，问："我要做咨询，一对一可以吗？"

我说："可以。我们的咨询程序是在做咨询前，先做个绘画测试，你看可以吗？"

他好像没有听到我的问话，又自顾自地到各个咨询室察看一番，确定没有第二个人时，才把口罩摘下，神秘地压低声音说："我害怕别人认出我、跟踪我，因为他们要害我，我不得不防。老师，你刚才让我干啥？"

我又重复一遍，说："咨询前做个心理测试，就是请你画一幅房、树、人的画，随意画即可。"我一边递给他纸和画笔，一边温和地说。

绘画浅析

房树人画在 A4 纸的上半部（指思维不太合常理、有悬空感），房、树、人总体画得较小（代表自卑）。

房

房子画的很怪异，房体结构不连接（表明来访者家庭不稳固），无门无窗（在家感受不到温馨，不愿与外人交流），房子充其量只能是一个构思房的框架（不是家的家）。

房顶上画有一把刀（表明来访者缺乏安全感，有防备心理）。房体前墙右侧，线条上伸过多（意思是家中女性过于强势，总是干涉男性的所作所为）。

树

树体不完整，左侧从底部削断三分之一（代表来访者有人格缺陷，幼年严重缺失关爱）。

树冠重笔环形波段（表明情绪不稳定），左侧的树冠与树干断开（对未来的想法与现实脱节）。树冠右侧较为靠上（指来访者工作状态不佳），左侧树冠稍大，与树干不连接（表明来访者更注重以后的发展，但与现实脱接，不可能做好）

树干有两个主侧枝，顶端稍尖（指来访者爱指责别人）。

人

画中人整体形象给人的感觉是蓬头垢面、苦不堪言。

头大没有脖子（是压力过大）。头发蓬乱（代表来访者思绪紊乱）、重笔涂描（有压力），眼睛像两个黑洞，一大一小（看问题不全面、猜测、多疑），咧着嘴（代表惊恐）。

两只胳膊长短不一，长胳膊形似狼牙棒，并重笔涂描（代表来访者有防御心理）。腿呈弓字形，随时准备逃跑（有严重恐惧心理）。

今年我三十岁，虽是独生子，但由于父母生意忙，从小我就跟随奶奶生活。到上学年龄，父母才把我接回家。现在我已经结婚，因夫妻感情不和，妻子带着孩子常年居住在娘家，过着分居的生活。

我共谈了三次恋爱。第一次，与女友认识后不久同居，后因交流不畅，最后不欢而散。

第二次，经人介绍认识了女方，各自感觉不错，同居后怀孕，与父母商量结婚时，父母坚决不同意，不得不流产分手，导致女方怨恨。前两次的恋爱失败，我一直心存自责、内疚，无法释怀。

第三次，也是现在名存实亡的婚姻。妻子是母亲托人介绍的，现已结婚七年多，生有一子。因为没感情，经常吵架、拌嘴。我想离婚，母亲、妻子都不同意，只能长期分居。为此，我深感痛苦，怨恨自己无能，没有给母亲、孩子带来幸福，反而给他们带来伤害。他们肯定都恨我，我老感觉街头巷尾的人都在说我是害人精，他们想要报复我。尤其是晚上不敢睡觉，有时一夜要起来好多次，拿着棍子或者刀，查看门窗，害怕有人闯进来要害我。我感觉周围人的一言一行好像都是谋害我的信号。这种症状有一年多了，搞得我几乎崩溃。现在，我躲在家里不敢出去，不得不出去时，都要换上不同的衣服，并且戴上口罩、眼镜，怕被人认出来。今天天不亮我就起来，避开所有人的目光，来这儿咨询，你们还没上班，我就在咨询室外等候。

绘画回溯·印证

房：房顶上画有一把刀，高度警惕，与害怕有坏人闯进家来，伤害他相对应。

树：树体左侧从底部削断一截，与幼年父母爱的严重缺失相对应。

人：头发蓬乱、重笔涂描，与脑部思维紊乱，出现幻听相对应。

初步评估：被害妄想

被害妄想是精神分裂中最常见的一种。被害妄想往往有着特殊的人格缺陷，患者觉得处处会遭到迫害，出门会受人的跟踪监视；感觉别人都在背后议论、嘲讽自己，有自杀或攻击他人趋向。

本案中，来访者出现幻听、怕人跟踪、怕人谋害的症状，与被害妄想的概念相符，故诊断为被害妄想。

结束语

来访者出现被害妄想症状，是原生家庭的遗传基因、人格缺陷及后天生活环境影响所致。

建议：因来访者不属于心理治疗范畴，前期最好到精神病院诊治，康复后期再做心理治疗。

我的生活没有阳光

——单纯型精神分裂

上午九点多，一位四十多岁的男士带着一位女士来到工作室做咨询。那女士有四十岁左右，身材修长，长得白白净净，低头耸肩，走路脚步很轻，看上去弱不禁风。

我招呼他们坐下，她怯生生，但很有礼貌地说了声“谢谢”，声音很轻，从她的表情及眼神中，我感受到了她的忧伤、恐惧和无助。

我把她领到了另一间咨询室，让她画一幅房、树、人，她说：“我不会画画。”

“不要求你画的有多好，想怎样画都可以。”

十分钟后，她将画交给了我。

绘画浅析

画面整体处于画纸中上部（指思维不合常理），着色是暗红色（代表烦恼、抑郁）。

房

平顶玻璃透视房（来访者可能有精神病性问题），地基线呈波纹状（房子像建在水中，思维恍惚）且有重复线条（强调家的不稳固性）。

房，无门无窗（指来访者不想走出去与人交流，自我封闭）。

房内有一张床，床的线条不连贯，床上躺着一个人无腿无脚（不想动弹），人也是用不连贯线条组合而成（不连贯线条属于思维不连贯、飘忽不定），头部轮廓重笔（表明头部不舒服，昏昏沉沉），没有五官（是不想听、不想说、不想看，无力、懒散）。

树

属于单枝条树（能量不足，缺少滋养），树的分枝形似火柴棍（表明没有活力，情绪不稳，易怒），树干下端有重笔现象（指幼年受过伤害），根部是用土和其他杂物堆积起来的（表明严重缺乏安全感，有自我保护意识）。

人

人画得较大（比较关注自我）。

头发、脸的轮廓、躯体、四肢的线条都断断续续、不连贯（表明思维异常，或可能智力低下）。正面身体，头向左扭，在观望房子和树（在痛苦中追忆往昔），眼呈点状（看问题单一、不全面），没有鼻子（没主见），嘴是实心的（指想说又说不出来，不知如何表达）。

布袋裤子（指不愿暴露隐私部位），只露出脚（行动有困难或不愿动弹），裆部重笔（强调性方面的问题或受到过性侵害）。

我今年41岁，姊妹四个，老家是河北的。小时候三岁之前，我感到很幸福，记得有一次，父母下地干活时，哥哥在家看我，还背着我玩。（说到这，她笑起来，笑容是那么灿烂，幼年美好的片段记忆使她难以忘怀。）那时候，母亲已有精神分裂症状，父亲是体育老师，他喜欢一女性，非要与母亲离婚，但母亲不同意。在我3岁时，一次父亲酒后用铁丝把母亲的头勒下来，父亲为此判了死刑。之后，我便失去了父母，姊妹几个跟着奶奶和大伯生活。大妈精神也不正常，后来被车撞死了，唯一的哥哥也得癌症死了。生活中一连串的打击，让我非常难过，生活也失去了信心。

在大伯家，大伯经常无理由地打我，我一看到他那严肃的面孔就害怕，有时吓得尿裤子。因家境贫困，到四年级时我就不上学了，跟着奶奶出去要饭。

13岁时大伯强奸了我，事后多次。再大一些，我外出打工。二十岁那年我被人骗到一个山沟里，与比我大得多的男人结婚，他家很穷，我不想在那儿，但没有人身自由，几次想偷跑，都不成功。终于有一天，雨下得很大，半夜我逃了出来。

现在的丈夫，我们已结婚10年多了，家庭也不富裕。婚后我们在县城租房子住，有时房东催缴房租，我总是感觉有人在背后对我指指点点、说三道四，我就不敢出门。两个月前，房东家的一个老人去世，我更加害怕，想离开这个地方。丈夫不同意，顿时我感觉像天就要塌下来一样，昏昏沉沉，头晕眼花，脑子里胡思乱想，一会儿看到死去的父母，一会儿看到死去的哥哥，我也感到自己活不多久了。躺在床上，不想动弹，晚上很难入睡，吃安眠药也睡不着，总是看到幼年和父母在一起的镜头，就会不由自主地笑起来，丈夫说我神经病。我觉得自己快要走向死亡了，紧张、害怕，大脑紧张得不受控制。

绘画回溯·印证

房：来访者昏昏沉沉、头晕眼花、躺在床上不想动弹，与房中床上躺着一个无腿无脚的人相对应。

13 岁时受大伯性侵，无法与人诉说，封闭自我，与房无门相对应。

自幼失去父母关爱，与房无窗相对应。

树：3 岁时父母双方离世，孤苦伶仃，后跟随大伯、奶奶生活，与单枝条树相对应。

20 岁时被骗婚后逃离，求生欲望强烈，与根部用土和其他杂物堆积起来，求得支持相对应。

人：房东催缴房租，不能及时交付，感到很没面子，脑子里胡思乱想，总是感觉有人在背后对她指指点点，出现多个画面，这些与人物肖像的头发、脸部轮廓、躯体、四肢的线条都不连贯相对应。

来访者遭大伯多次性侵，与布袋裤子、只露出脚，裆部重笔相对应。

初步评估：可能是单纯型精神分裂

单纯型精神分裂较为少见，以思维贫乏、情感淡漠，或意志减退等阴性症状为主，从无明显的阳性症状。孤僻、被动日益加重，生活懒散，对亲人表现冷淡，社会功能严重受损，趋向精神衰退。起病隐袭，缓慢发展，常在青少年期起病。

本案中，来访者母亲患有精神分裂，有遗传基因；来访者思维异常，出现幻觉；性格孤僻、生活懒散，封闭自我，社会功能严重受损。故诊断为单纯型精神分裂。

结束语

本案中，来访者自幼父母丧失，跟随大伯、奶奶生活，期间多次遭到单身大伯的性侵，在 20 岁外出打工时被骗婚等诸多坎坷，这些事件致使

她身心受到了巨大伤害。

来访者的母亲有精神分裂（基因遗传），再加上后天环境不良影响，导致她出现精神异常。

一般情况下，单纯型精神分裂患者在发病早期常不被注意，发展到较严重时才被发现，治疗效果较差。

建议：转介到精神病院，康复后期辅以心理治疗。

另类女孩

——青春型精神分裂症

我正在咨询室整理案例资料，一位年轻女子走到我面前，问道："你是咨询师吗？"

"是的，"我应声而答，并示意她坐下。这女子年龄大约二十三四岁，个头不高，短发，面色暗黄，一双不大的眼睛，身穿白底蓝色碎花的连体低胸短裙，裙子的透明度很强，里面的大红色内衣清晰可见，前胸看起来高低不平，里面似乎填塞了什么，而且大小不一。在对视中，我观察到她有点和常人不太一样，总感觉怪怪的，但不是痴呆。

"老师，在咨询之前，可以问你一个问题吗？"

"可以啊。"

女孩"嘿嘿"地笑了，笑得很开心。我让她画一幅房、树、人的画，她也很乐意，表示愿意配合，并伸出手和我拉钩。

绘画浅析

看了绘画，给我的第一感觉，就是三个字：不正常。她不仅仅有心理问题，估计精神方面也会有问题。因为这些在画中清晰可见，绝不是想象、凭空而断，是我们从数千个案例中累积而来。

房、树、人的整体色彩是紫色，紫色代表富贵。房、树、人（小人）画在纸的中上部（代表思维虚、空、飘）。

房

这是一座破旧的老房子，房顶较大（是父亲在尽力操持这个家），房顶有修补过的痕迹（代表来访者想与父亲修复关系）。

房子的正墙与侧墙没有拐角，画成了一个平面（说明来访者意识层面紊乱）。

门画在平面的中间位置，门过木已被虫蛀蚀，砖随时都有掉下来的危险（表明来访者有不安全感），双扇门是关闭的（代表与家人沟通不畅），单窗（代表缺失父母一方的关爱）。

门头线条不连贯，以及房顶的缝补线、正侧墙不分，来访者有可能是出现了精神病性问题。

树

树，画的是雪松（雪松代表坚韧）。

树冠是由三个三角形堆积而成（代表个性强，人际关系相处不太好）。

树体短粗，上端能量封闭（是打不开思路，思维仍停留在幼年充满幻想的阶段，不能正常成长），下端封闭（一是代表幼年需求得不到满足，缺少滋养。二是缺乏安全感，有恐惧心理）。

树体右侧根部有重笔现象（可能是有非正常遗传基因）。

人

画中有两个人，一大一小（我问来访者，画的是同一个人吗？来访者说，上面画的小人不好看，又画了一个大人。小人，是来访者无意识作画；大人，是来访者作画时掺有意识成分，代表想得到认可）。

小人：头部有重笔，头部轮廓上方又加了一个短斜线（代表思维异常），眼睛呈点状（表示来访者看问题不全面），躯体画成“大”字，捺的一笔拉得很长（代表有劈腿现象）。

大人：头部轮廓画的不完整（表明来访者可能脑部有器质性病变），头过大（压力大），头与身子不成比例（说明来访者心理年龄与生理年龄不匹配，单纯、幼稚）。头发散乱无形（有很多烦心事，纠缠不清），前刘海像是点缀的省略号（代表思维不连贯）。眼睛中有一点白眼珠（木讷、茫然）。

在我不断地提示引导下，来访者慢慢地讲述了她的家境和自身情况。

我今年二十四岁，高中毕业，家在农村，姐妹两个，我是老大。我妈有精神病，在我很小的时候，她就带着妹妹离家出走了，不知道去哪儿了，到现在都没回来。我就跟着父亲、爷爷奶奶生活。

我父亲是那种爱说大话、不做实事的人，他总是感觉自己在家种地憋屈，总是说要有钱早就出去闯、去挣大钱了。我知道，他是大事做不了，小事又不做，就会发牢骚的人。我和父亲很陌生，几乎没说过话，更谈不上享受过父爱。他不疼我，也不养我，从小到大没给过我一分钱，都是爷爷奶奶给我交学费，给我零花钱。看到别人买这买那，我也想要，一想到爷爷奶奶那么大年龄，很艰难地供养我，实在不敢要。想向父亲要，我知道要也是白要，他不会给我的。

我是一个女孩子，想给自己买点日用品都不能，我很难过，恨父亲不疼我、不管我，恨妈妈不要我，我时常一个人躲在房间里偷偷地哭。我也想考上大学，再找个工作，把爷爷奶奶接到我身边，我来养他们。想归想，但我感到压力很大，也没人去说。在学校我没有朋友，可能是我喜欢一个人独来独往，同学们不喜欢和我玩，我也不想与他们在一起。就这样上完了三年高中，我没有考上大学。不想在家种地，就出来找工作。现在

我上班了，能挣点钱了。我感觉自己和别人不一样，认为周围的人都太俗，不想和他们说话，他们文化程度太低，我只想和高层次的人接触，却又找不到。所以隔一段时间，我就换个单位。我不怕吃苦，就想找高层次的人交流。

我单位的领导很重用我，其他同事就会嫉妒我，常常找我的茬，排挤我，让我干这干那，干不完的活。那些男的都不是个东西，老是摸我逗我，还笑话我，然后再和我上床。

我喜欢一个男的，他是门卫，年龄和我爸爸差不多，我想和他亲近，他吓跑了，再也不理我了。就他一个人好，长得还帅，其他男的都是流氓。没办法，我就换岗位，换来换去，感觉自己掉进了一个怪圈，怎么走都走不出来。

其实啊，我爸爸特别聪明，可以说是天才，他是中医，从不给人看病，快死的人经他一看就好，他就是神一样的人。

突然她又转移话题，看着我说：

"我想结婚，现在就想，为什么没有男人喜欢我？"

我问："你选对象的标准是什么？"

她眯着眼，非常开心地笑了，似乎陶醉在与人结婚的情景中，这种笑让人感觉有点毛骨悚然。她仰起脸，似乎是在思考，稍后说："我的标准是想找一个军官，穿制服的，公安局的也行，大医院的医生也可以吧，最起码是个大干部，哈哈哈哈！只要是大官就行。"

看着她那沉醉般的笑容，我不由也笑了起来："你的选择也不为错。可你想过没有，你选择了别人，他们会选择你吗？他们也有自己选择的标准啊！你只有把自己做好了，才有资格去选择他人，你想想是不是这样？"

"不是这样！"她摇摇头，立即否定。

想把她拉到正常人的思维中，谈何容易？必须转介治疗。

绘画回溯·印证

房：门头线条不连贯、房顶的缝补线、房的正侧墙不分，与她思维异常、言语紊乱相对应。

树：树体上、下端能量封闭，控制"内在小孩"正常成长，与思维停留在幼年充满幻想的阶段相对应。

树体右侧根部有重笔现象，与其母亲有精神分裂（遗传基因）相对应。

人：小人头部轮廓有一短线条、大人头部轮廓也不完整，与她思维、言行举止异常相对应。

初步评估：青春型精神分裂症

青春型精神分裂症患者常在青年期起病，以思维、情感、行为障碍或紊乱为主。例如，明显的思维松弛、思维破裂、情感倒错、行为怪异，如在不适当的场合出现愚蠢的大笑等行为。病情严重者有自知力障碍，社会功能严重受损或无法进行有效交谈。

本案中，来访者因受基因遗传因素（母亲有精神分裂），以及心理、社会方面因素的影响，导致她出现精神异常，思维紊乱，无法进行有效的交谈，故诊断为青春型精神分裂症。

结束语

本案不属于心理咨询范畴，建议转介精神病院，康复后期配合心理治疗。

第五篇

绘画测试

尊敬的读者，从以下几幅绘画中，你能看到什么？想到什么？绘画者存在什么问题？请把绘画浅析暂用纸张遮盖一下，沉浸下来，做个自我测试。

我相信你会越来越喜欢，来共同探讨吧。

绘画测试 1

来访者：女，21 岁，未婚。

绘画浅析

整体色彩是棕色（棕色表明生命力弱）。

房

房顶略似不规则三角形，线条不规整（指父亲有时说话易伤人），房顶下端及右上侧的线条稍有弯曲（是来访者对父亲不满，有情绪）。

房顶与房体的连接处有两处重笔（指父母之间经常发生争执）；房体右侧弯曲（指来访者对母亲经常有抱怨，情绪很大）。

窗户一大一小，间距较近（表明来访者感觉父母看问题短见）；门是双扇门（来访者与父母有隔阂，不愿与父母沟通）。

树

树，属于松柏树（代表坚韧）。

树干粗（能量足），底端封闭（是自我封闭，不希望外界的参与）。

树无根系（缺乏安全感）。

人

人的头部轮廓有重笔迹象（表明来访者头部有时不舒服），没有头发（代表想法简单或有脱俗出家的想法）。身着女子戏装（她认为人生如戏，已看破红尘），身体包裹很严（指不愿暴露内在的情感），身体上有三处重笔（可能在情感上受过伤害）。

手牵一宠物，蛇头狗身（指内心有性需求），肖像人与宠物面对面站着，头却侧向一边（是指来访者不想面对现实，想摆脱那些纠缠不休的情结，但又不能彻底放下，有矛盾心理）。

绘画测试 2

来访者：女，12 岁，初一学生。

绘画浅析

房

房的总体框架是黑灰色（黑灰色代表压抑、沉重）。

屋脊是黑灰色，房顶是混浊后的蓝紫色（蓝紫色代表凄凉，给人的感觉是父亲不爱讲话，不近人情，比较严厉），房体是混浊后的深蓝色（使

人感到冷酷、悲哀，指母亲对孩子要求比较苛刻，来访者从没有感受到父母的关爱）。

窗户框是黑色，透露出的光是灰色（说明家里不温馨）。门是开着的（代表进出自由），进门的踏垫是浅绿色（希望家中多些生机）。

树

三角形的绿色带有条纹的树冠（代表来访者是被动学习），三角形树冠外围有多处凸出部分重笔涂抹（代表情绪不稳或额外的学习任务），树冠呈斜条状（指受外界环境影响，学习是被动的）。

飘落的青涩小果实（果实代表有理想，青涩是不成熟，理想与现实有差距，导致失落）；手掌抓地形的树根（代表个性倔强，渴望独立自由，想全方位地得到滋养）。

人

人是用黑色铅笔画的（代表来访者有抑郁情绪）。

侧面肖像（是不想面对），背靠大树，坐在地上（是想寻找支持），面目表情木然，眼睛呆呆地目视前方（指来访者想放松休息，缓解疲劳，不知下一步要做什么，较为迷茫）。

绘画测试 3

来访者：15 岁，男，中专。

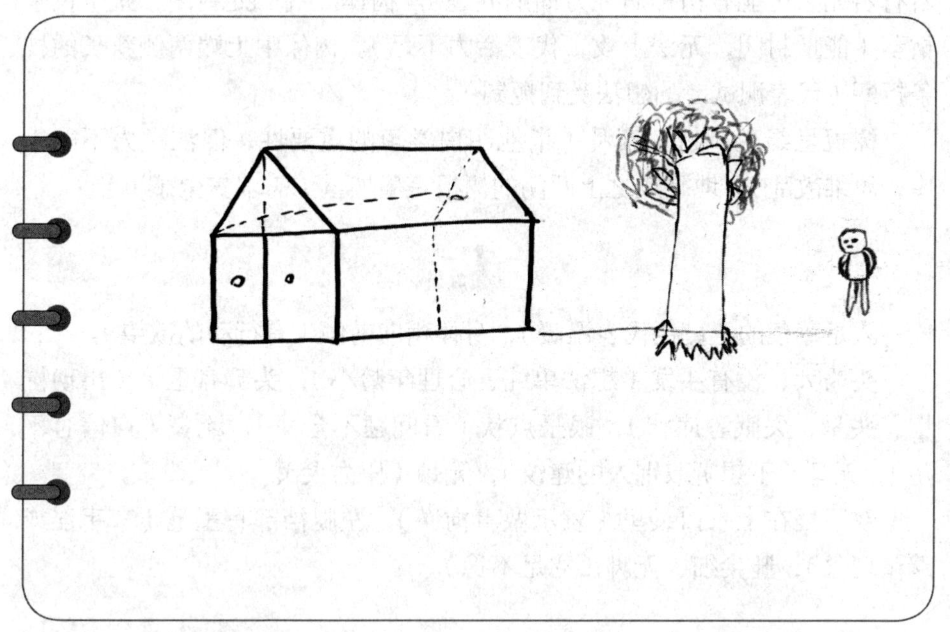

绘画浅析

房、树、人画在纸的上半部分（给人的感觉是不接地气，有悬空感），但物与人的间隔，比例适中（表明来访者做事严谨，要求完美，想得到认可）。

房

房的色彩是黑色（代表测试者在家感到压抑，有抑郁情绪），整体框

架结构重笔（强调家的稳定性）。房顶上有一明显的绿色短线条（指测试者父亲对他学习上有要求或渴望家中出现生机），房子画有虚线（表明测试者可能有精神病性问题）。

房门建在侧墙（不想面对，有逃避的想法），大门两旁有两个圆圈（想探索外部世界，对异性有好感）。

树

树体粗壮（能量充足），树体两旁的线条轻重不一，似有虚线的影子，若有若无（可能有精神病性方面的问题）。树体上端多处封闭，整个枝条枯萎（能量封闭，无法上攻，代表活力不足）。树体中上端两侧新长的枝条折断（代表测试者的想法受到扼制）。

树冠呈绿色，特别紊乱（指他明白学习的重要性，但注意力不能集中，思维散乱），地平线之上两侧的树根笔墨加重（需求安全感）。

人

人是黄色的（黄色代表温暖），身体稍向前倾（有行动的欲望）。

头略大、没有头发（想法单纯、心理年龄小），头部有重笔（出现恍惚、头晕、失眠等症状），眼呈点状（看问题不全面），无鼻（自信心不足），无耳（不想听取别人的建议），无颈（压力大）。

双手插在上衣口袋里（表示做事拘谨），左腿裆部有重笔（有手淫或遗精现象），腿尖细、无脚（立足不稳）。

绘画测试 4

来访者：男，15 岁，初三学生。

绘画浅析

整体画面呈黑色（黑色代表压抑，说明现在的生活很不愉快）。

房

商业楼房（指来访者缺少家的归属感），房体结构多处重笔涂描（强调家在他心目中的位置），观光电梯下坠（有恐惧心理），电梯右侧的三

分之二无地平线、悬空（代表来访者有恐惧心理）。

树

树体底部无地平线和根（代表没有生机）。

树干的表皮，笔墨较轻（表面上是不在意），表皮与树体骨分离（属于矛盾心理），树体骨线条不流畅，笔墨轻重不一（代表从小到大都受外界环境的负面影响）。

黑色波浪形树冠（代表抑郁情绪，心态不稳），树枝条顶梢来说，多处重笔反复涂描（说明测试者有怨恨之心），其中左侧两个枝条下垂（失落，有挫败感），右侧树冠与树干断开连接（指测试者不能走进学校）。

人

头部画得很大（强调头部不舒服、压力大），没有头发（表明没有太多想法，比较单纯，心理年龄尚小），头部左侧有一长的黑线条（指明知没必要，但又掌控不了的思维异常）。

两只眼睛瞪得很大，眼球里显现人的图像（表明有人令他惊恐，或令他恐惧的画面经常浮现在眼前），没有耳朵（喜欢清静），没有鼻子（没主见），嘴角下垂（是指不开心）。

整个头部被格格网笼罩（属于想看又不敢看的矛盾心理）。

没有躯体（表明来访者认知不完整）。

头部右侧，也是纸张的中心部位，有两只大大的眼睛，两眼的余光部位被黑色遮挡（强调恐惧）。

绘画测试 5

来访者：女，81 岁，退休干部。

绘画浅析

房

此平房较小，有门无窗，门是关闭的，稍有倾斜（属于危房，破旧不堪，阴暗无关，可能长期无人居住）。多处重笔涂描，后墙重笔特别明显（表明绘画者在努力支撑着这个家）。房顶与前墙衔接处断断续续、连接不畅（可能男方在异地工作，对家照顾不周，缺少担当）。

房子建在树的左后方，房与树的距离稍远，不能给房太多的遮阳（表明测试者以事业为重，但对家关照有限）。

房前有一条很宽的路，路的正前方是一片草地，在通往前方的路上，有一个向左的岔路口，离岔路口不远处的地上，长有一棵萝卜，一只大兔子（这里兔子代表绘画者本人）自主寻食（非常有主见），正在择食充饥（表示欲望大，需求得不到满足），它的耳朵很大（表明此人敏感、多疑，想探听外界更多的信息），眼睛上翻（惊恐中带有傲慢）。

树

树长在斜坡上，树干粗壮（能量很足），枝条旺盛，但没有树叶，缺少滋养（表明来访者追忆往事，心境不佳，感觉当下世态炎凉）。

主干上有四个枝条努力向上生长（指绘画者有四次发展事业的机遇），枝条的侧枝（小侧枝对主枝的成长会有所影响）组成三个“正”字（指她在事业方面一身正气，是非分明），右侧一个枝条下垂（失落），另有两个“正”字正在坠落（指她当初的做法单纯，后悔不已）。

树体下端些许外抛（近期有些懒散），树根左侧长且外露（个性略有张扬），有一树根扎地很深（追求安全感），右侧树根短（幼年有爱的缺失）。

树体右侧有一条藤蔓一直缠绕着大树（代表某人或某件事让她一直放不下），树体左右两侧多处重创（指她的整个过程有诸多不顺，使她内心受到伤害）。

太阳残缺（在此指夕阳，虽然有光，但温度有限）。

印证

从交流中得知，她一生多有坎坷，退休前工作勤恳，以身作则，大公无私，把大部分的时间投入到工作中，很少有时间照顾家庭。

现年事已高，丈夫、儿子相继去世，一人居住养老院，没有归属感，唯一的一个孙子，还没成家，经济上还需资助，心情不佳。

绘画测试 6

来访者：男，16 岁。

绘画浅析

画面整体是黑色，黑色代表压抑、沉重，画面占纸张的上半部分（指来访者潜意识里有悬空感）。从整体纸张观察，房、树、人较小。但从画面看，房、树、人的间距、比例适中。

房

房属于尖顶房（指父亲脾气急躁，说话尖锐），略有倾斜（是家庭不稳固），房体大于房顶，房体上端右侧有缺失（表明母亲在家强势，父母在家沟通不畅）。房顶右侧较长，与部分缺失的房体相连（指父亲极力想维持这个家）。

门窗被黑色遮盖（指来访者缺失父母关爱，没感受到家庭的温暖，感受到的是压抑）。

树

树体粗壮（能量足），环形树冠较小、被黑色涂实（动力不足、没有目标、没有理想）。

树体上端封闭（指自我封闭，能量被阻断，得不到发挥），下端封闭（指来访者得不到关爱），没有根系（是恐惧心理）。

人

人画的较小（自卑），头发蓬乱且重笔涂描（有压力），无鼻（没主见），无耳（不想听），嘴巴紧闭（不想说），眼呈点状（看问题不全面）。

无脖子（压力过大），左手紧握拳头（对家庭有抱怨），右臂没有手，身子前探（想行动，但没目标），两只脚大小不一，右腿稍细且右脚沉重，脚是朝家的方向，而身体是朝正前方（想回家找温暖，却无法得到，不知何去何从，属于矛盾心理）。

印证

来访者，男，16 岁，性格内向、孤僻，沉默寡言，现已辍学在家。

自幼父母情感不和，吵闹成为家常便饭。父亲酒后多次家暴母亲，母亲把负面情绪转嫁到儿子身上，说“不该生下他，要他是多余的”。

在学校，有几个同学围攻他，并威胁、恐吓，曾出现校园欺凌现象。

现父母外出打工，离多合少，来访者一人在家，孤苦无助，有邻居说他是“少爹无娘的小痞子”。

以上这些，使来访者感到前景无望，有寻死念头。

绘画测试 7

来访者：男，30 岁。

绘画浅析

房

老式房（代表传统的家庭教育方式），房瓦呈波浪状（对家有情绪），房顶上有一封闭的烟囱，烟囱上有几条横线（把负面情绪压抑起来，不想伤害他人），有团团烟雾冒出（有时会控制不住，负面情绪也会流露）。房顶侧面有一圆形窗（代表来访者有女性气质或有艺术性特质）。

房门较小（指家事不可外扬），与左侧墙壁相连（代表来访者对家人认可，但在潜意识里缺失安全感，有恐惧心理），单窗很大（指来访者的

母亲对他的关注更多一些）。门下端有一重笔衔接，右侧的前墙与后墙下端也有重笔现象，后墙更为显现（指父母之间有争执现象）。

树

树干笔直（成长顺利），树干顶端有两个主分枝都较为尖锐（指来访者有攻击性），右侧的顶端有一重笔（最近有一事被缠绕）。

树冠不大，经风吹向右侧倾斜（容易受外界环境影响）。右侧树冠呈锯齿状（代表现在有情绪），左侧与右侧树冠相比，较为平滑（指对过去的一些情结逐步淡化）。

树体下端有一重笔（经量化，幼年受过惊吓或患有疾病）。树根被一弧形状圈起来（弧形：一种是束缚，另一种是营养资源），树离房子很近，弧形左侧与房后墙下端紧紧相连，且有重笔（指对家庭有依赖）。

人

人的肖像较大（自负或自恋），头大脖子细（压力大），头顶有一月牙形（指头部不舒服，有时会出现失眠、头疼等），耳朵一高一低（很在意别人的话语，并进行辨析），鼻子呈点状（比较敏感），嘴角上扬（微笑）。脸部左右不均衡，右侧小左侧大，并有明显缺失（是得不到尊重，感觉没面子）。

两只胳膊纤细（力量有限），拳头呈心形（指不顾亲情，伸张正义，惩罚某人），昂首挺胸地前行（代表自信）。

衣服上的点缀（是想得到认可）。

印证

男，三十多岁，独子，家庭教育比较传统，有爱心。性格中向，稍有女子化气质，遇事敏感、偏执、是非分明。

工作中，屡次受到不公平待遇，内心压抑，出现抑郁、焦虑，长期服药，有所缓解。在此期间，亲情中因事端出现纠纷，让他面子上很过不去，内心再次受到重创，故使病情加重，出现情绪稍有失控、头疼、失眠、胸闷等现象，现想以报复来平息内心的不平衡，挽回自尊。

绘画测试 8

来访者：女，18 岁，大学生。

绘画浅析

来访者不愿用彩色笔，要求用黑色水笔绘制。

房

正方体式的平顶房，房顶上有一个烟囱，里面是水泥固定，外面是铁丝网捆绑（自我束缚），冒出一大簇烟（代表来访者对家有怨与恨，有严

重的抵触情绪）。房顶和房体大部分用细线条构成（表明来访者有强迫倾向、要求完美）。线条的整体始端呈循环状（代表委曲求全）。

窗户是玻璃窗，正窗和侧窗用斜线条构成（像被风雨冲刷，也冲刷不掉那些污垢，指来访者内心阴暗，感受不到家庭的关爱）。

门被黑色涂实（来访者不愿进家，强调家里死气沉沉、黯淡无光，代表有恐惧心理）。

房体右侧地基线向里凹，后又加以修正（代表母亲某些方面有不足之处）。

树

树体粗壮，从上至下由细线条涂描，多处有重笔（指来访者从小到大受外界环境的负面影响，内心受到伤害）。

树干与树冠的搭配比例适中，环形树冠，枝条凌乱、细腻（指思维紊乱，情结过多，想从中求和，来访者秉性外柔内刚）。

树根外露，呈环形状，扎深不易（代表缺乏安全感）。

人

头发较短，前刘海梳理整齐（喜欢男性但又排斥男性，有矛盾心理），两只眼睛睁得很大，呈恐慌状，且愁眉不展（恐惧、哀思），嘴巴紧闭（不想说话），鼻子尖向左倾斜（有个性，有自己的想法）。

肩膀宽（压力大），T 恤衫上的标志是个圆形，内有海鸥图案（指来访者想自由飞翔，但受到束缚）。

耳朵很小，被头发遮挡（指有选择地听），双臂下垂，紧握拳头（指心中有怨和恨），腿与裆部都是重笔，腰部有一圆形（指来访者有性方面的困扰）。鞋较大，双脚外撇（行动艰难）。

印证

来访者，女，18 岁。两年前，因胸闷难受、感觉生活没意义，不能正常到校学习，去北京医院诊治，诊断结果：严重抑郁、严重焦虑，建议来访者在本地做心理治疗。

其母较为强势，“一言堂”，且有严重强迫倾向。在家强迫家人接受所谓的“中药营养”餐，若家人有异议，她就大发雷霆，牢骚满腹，自认为这种做法是爱家人。

有一次，远方大伯来家，当时只有女孩一人在家睡觉，他乘机猥亵她。她将此事告诉母亲，结果母亲不仅没有给她安慰，反而训斥不断。此事后，大伯还经常去她家，和母亲一直来往不断。

绘画测试：迟到的“爱情鸟”

一天下午刚上班，工作室来了两位年龄约在五十岁左右的男子，一位个子高高的，另一位又低又胖。他们满面笑容，怎么看也不像来做心理咨询的，倒像是找人的。

“我们听朋友讲，你们用画做心理测试挺准的，能看到绘画者的内在，我们想测试一下，行吗？”

“没问题。先画一幅房树人的画吧。咱测测看。”

大约过了五六分钟，他把一幅以房、树、人为主题的画拿给我们看。

绘画测试者不是来做咨询的，只是对绘画测试出于好奇，想做个测试而已。所以，我也不像接待来访者那么正规，大致看了一下绘画，我就对其中一位绘画者打趣说：“恭喜你有了新欢，她既给了你喜悦，也给了你恐慌不安。”

他俩相互对视一笑，另一位说：“咋样？没错吧。”

绘画者脸红了一下，不好意思地说：“不对，不对，这事不能乱说，我儿子大了，正找对象呢！”

“你不说实话，是怕外人知道吧。”他们你一言我一语地打趣着。

绘画浅析

画面整体是绿色（绿色代表希望，表明测试者很有自信。）

房

地基呈波浪形（表明婚姻基础不稳）。门上枕木倾斜（是房顶重力不

均衡所致，指测试者对妻子冷漠和对情人眷恋，导致家庭不稳固）。

房顶有过多小瓦（表明他有旧的传统意识），房子两侧都能同时看到（代表他对家的概念很清晰，情感出轨的同时，也想照顾好家庭，有矛盾心理）。

右墙从地基开始往上一小段有修复状及重笔（妻子尽力做好自己，想让丈夫收心、回归家庭），其他墙的棱上也都有重笔（代表家庭有问题，夫妻矛盾显现，经常拌嘴）。门中心有一个重笔涂抹的长点（是他对情感的牵绊）。房顶有一个小旗（标志别人对他持家的认可度）。

树

小树长在土坡上，青枝绿叶，长势不错，树体下端左侧有重笔（代表测试者幼年时受到惊吓或受到伤害）；右侧缺失一小段（幼年有爱的部分缺失）。

有两只鸟比翼双飞，好似一对伴侣，想在树上搭窝，遗憾的是树有点小，蜗居不太适宜，若有狂风暴雨（指家人不能容忍或外人对他的指责），窝会倒塌，只是能小憩一下（指这种热恋是暂时的，婚外情感不能长久）。

人

测试者走在一条笔直的大路上，目视前方，昂首挺胸，看似非常自信。

头上画有重笔（指有压力），没有耳朵（代表自以为是，不愿接受别人的建议）。前腿重笔（强调走大路），后腿不给力，像是脚陷在泥泞里，不容易行走（表明前行有阻力）。

这条路是通往小树的方向，他喜欢这条大路，因为这条路上有风景，每当在这条路上行走时，他都能远远看到家的存在。

他的家在路的右侧，离大路有一段距离，位置偏僻。他很不喜欢这个家，但家有儿女，又不能彻底抛开，使他左右为难。

绘画分析后，测试者笑了笑，“啥都瞒不住你们，我还是说了吧，不过你们得给我保密。”

“我喜欢那个她，她也喜欢我，我们都各自有家，只是相见恨晚。都是老家老户的，孩子也大了，得要面子，唉，混一天是一天吧。”

结束语

来访者有情感方面的缺失，想在现实生活中得到弥补，又恐伤及家庭，事实上已伤害家人。假如夫妻间遇事能及时沟通，相互理解、宽容，事事内归因，家庭就会是另一番景象。

第六篇

自我检测

自我检测 1

性别：男　年龄：18 岁

自我检测 2

性别：男　年龄：24 岁

自我检测 3

性别：女　年龄：16 岁

自我检测 4

性别：女　年龄：14 岁

后 记

出版此书是我多年的夙愿。

随着社会的飞速发展，物质的丰富，与之俱来的群体性心理问题也日渐增多，并不断呈现扩大趋势，如神经症、青少年问题、婚姻家庭等诸多问题，困扰着很多人，轻则身心俱疲、前途渺茫，重则痛苦不堪、精神崩溃。显而易见，有很多人需要扶助。

其实，我出书的想法很简单：就是让更多喜欢心理学、愿意探讨绘画解析技能的同仁、朋友们，以书中的案例为契机，了解、学习心理绘画解析技术，准确找出问题根源，快速达到共情，帮人走出各种困惑。

这就是我写此书的初心。

我从事心理咨询工作多年，接触到了各行各业、不同职业层次的人群，经手案例数千例，阅画数千张，在多年的实战操作中积累了一些独特的析画经验，并在一次次案例中获得印证。

我的这些析画经验，是在严文华、严虎、李洪伟、吴迪等诸位老师绘画的启发下，进行了些许延伸。在此，对以上各位老师深表谢意！

对参编的工作人员白淑珍、李绍君（天津口腔医院）、姚东霞、卢启印、李倩等老师深表感谢！

孟庆贺老师为本书绘画摄影，张振忠、孙寄歌、朱世德、吴亚光、窦伟、乔培堂、李建忠等诸位老师为此书出版做了大量的辅助工作。一并对他们表示我真诚的谢意！

参考文献

1. 严文华. 心理画外音. 上海：上海锦绣文章出版社，2003.

2. 严虎，陈晋东. 绘画分析与心理治疗手册. 3 版. 武汉：中南大学出版社，2019.

3. 李洪伟，吴迪. 心理画绘画心理分析图典. 北京：人民邮电出版社，2016.

4. 弗洛伊德. 精神分析引论. 北京：商务印书馆，1984.

5. 王玲. 变态心理学（修正版）. 广州：广东教育出版社，2007.

6. 郝伟，陆林. 精神病学. 8 版. 北京：人民卫生出版社，2018.

7. 易法建，冯正直，倪泰一. 心理医生. 5 版. 重庆：重庆出版社，2009.

8. 中国心理卫生协会. 心理咨询师. 北京：民族出版社，2015.